Springer-Verlag 6900 Heidelberg 1 · Postfach 1780
Telefon (06221) 49101 · Telex 04-61723
1000 Berlin 33 · Heidelberger Platz 3
Telefon (0311) 822001 · Telex 01-83319

Springer-Verlag New York, NY 10010 · 175, Fifth Avenue
New York Inc. Telefon 673-2660

Fortschritte der chemischen Forschung
Topics in Current Chemistry

Band 16, Heft 3/4, Februar 1971

Organometallic Compounds in Industry

Springer-Verlag
Berlin Heidelberg GmbH

ISBN 978-3-540-05315-6   ISBN 978-3-540-36442-9 (eBook)
DOI 10.1007/978-3-540-36442-9

Contents

Addition-Elimination Reactions of Palladium Compounds with Olefins*

Dr. R. F. Heck

Research Center, Hercules Incorporated, Wilmington, Delaware, USA

Contents

A. Introduction

Palladium compounds often add to unsaturated organic compounds. Usually, the adducts formed are unstable, however, and decompose by eliminating a different palladium species, simultaneously forming a new unsaturated compound. Numerous examples of these reactions are now known and many of them are of considerable potential use in the synthesis of organic compounds.

---

* Contribution No. 1509.

B. Additions of Inorganic Palladium Compounds

I. Aqueous Palladium Chloride Reactions

One of the first examples of this type of reaction and perhaps the one most investigated and best understood, is the *oxidation of ethylene to acetaldehyde* by aqueous palladium chloride.

$$CH_2=CH_2 + PdCl_4^{2-} + H_2O \longrightarrow CH_3CHO + Pd + 2 H^+ + 4 Cl^-$$

Kinetic measurements for the reaction have been made and the results have led to the proposal of a mechanism [1] which is probably a good model for the many related reactions in the group. The results obtained show that the rate of the reaction is directly related to the olefin concentration and tetrachloropalladate ion concentration and inversely related to the hydrogen ion concentration and to the square of the chloride ion concentration.

$$-\frac{d\,[\text{olefin}]}{dt} = \frac{Kk\,[\text{olefin}]\,[PdCl_4^{2-}]}{[Cl^-]^2\,[H^+]}$$

The inverse square dependence of the rate on the chloride ion concentration is interpreted as meaning that two chloro groups in the $PdCl_4^{2-}$ ion must be replaced one by olefin and the other by a water molecule. The rate constant has been separated into two parts, an equilibrium constant K for the replacement of one of the chloro groups from the tetrachloropalladate ion by ethylene, a value which can be measured independently, and another rate constant k.

$$PdCl_4^{2-} + CH_2=CH_2 \overset{K}{\rightleftharpoons} [(CH_2=CH_2)PdCl_3]^- + Cl^-$$

The dependence of the rate upon the inverse of the hydrogen ion concentration (base-catalysis) is reasonably attributed to the necessity for the coordinated water molecule to lose a proton. The resulting ethylene-hydroxypalladium species (the *cis* isomer), I, is then believed to undergo an internal addition reaction of the hydroxyl group to the coordinated ethylene to form the dichloro-2-hydroxyethylpalladium anion, II. The final step is a decomposition of the last compound into acetaldehyde, palladium metal, hydrogen ion and chloride anions.

$$\left[\begin{array}{c} \mathrm{Cl} \\ \diagdown \mathrm{Pd} \diagup \\ \mathrm{Cl} \diagup \quad \diagdown \mathrm{Cl} \end{array}\begin{array}{c} \mathrm{Cl} \\ \\ \end{array}\right]^{-2} + \mathrm{CH_2}{=}\mathrm{CH_2} \;\overset{K}{\rightleftharpoons}\; \left[\begin{array}{c} \mathrm{Cl} \quad\quad \mathrm{CH_2} \\ \diagdown \mathrm{Pd} \diagup \; \| \\ \mathrm{Cl} \diagup \quad \diagdown \mathrm{Cl} \quad \mathrm{CH_2} \end{array}\right]^{-} + \mathrm{Cl}^{-}$$

$$\left[\begin{array}{c} \mathrm{Cl} \quad\quad \mathrm{CH_2} \\ \diagdown \mathrm{Pd} \diagup \; \| \\ \mathrm{Cl} \diagup \quad \diagdown \mathrm{Cl} \quad \mathrm{CH_2} \end{array}\right]^{-} + \mathrm{H_2O} \;\rightleftharpoons\; \begin{array}{c} \mathrm{Cl} \quad\quad \mathrm{CH_2} \\ \diagdown \mathrm{Pd} \diagup \; \| \\ \mathrm{Cl} \diagup \quad \diagdown \mathrm{OH_2} \quad \mathrm{CH_2} \end{array} + \mathrm{Cl}^{-}$$

$$\begin{array}{c} \mathrm{Cl} \quad\quad \mathrm{CH_2} \\ \diagdown \mathrm{Pd} \diagup \; \| \\ \mathrm{Cl} \diagup \quad \diagdown \mathrm{OH_2} \quad \mathrm{CH_2} \end{array} + \mathrm{H_2O} \;\rightleftharpoons\; \left[\begin{array}{c} \mathrm{Cl} \quad\quad \mathrm{CH_2} \\ \diagdown \mathrm{Pd} \diagup \; \| \\ \mathrm{Cl} \diagup \quad \diagdown \mathrm{OH} \quad \mathrm{CH_2} \\ \quad \mathrm{I} \end{array}\right]^{-} + \mathrm{H_3O}^{+}$$

$$\left[\begin{array}{c} \mathrm{Cl} \quad\quad \mathrm{CH_2} \\ \diagdown \mathrm{Pd} \diagup \; \| \\ \mathrm{Cl} \diagup \quad \diagdown \mathrm{OH} \quad \mathrm{CH_2} \end{array}\right]^{-} \longrightarrow \left[\begin{array}{c} \mathrm{Cl} \\ \diagdown \\ \mathrm{Pd{-}CH_2CH_2OH} \\ \mathrm{Cl} \diagup \\ \quad \mathrm{II} \end{array}\right]^{-} \longrightarrow$$

$$\mathrm{CH_3CHO} + \mathrm{Pd} + \mathrm{H}^{+} + 2\,\mathrm{Cl}^{-}$$

The mechanism by which the final step occurs is not clear at this time. It is known, however, that it is not a simple elimination of hydridodichloropalladium anion with formation of vinyl alcohol which then isomerizes to acetaldehyde. This point was established by carrying out the reaction in deuterium oxide. The acetaldehyde formed in this reaction did not contain deuterium as would have been expected if vinyl alcohol first formed and then reacted with solvent to form acetaldehyde.

$$[\mathrm{CH_2}{=}\mathrm{CHOH}] + \mathrm{D_2O} \longrightarrow \mathrm{CH_2DCHO} + \mathrm{HDO}$$

Conceivably, the hydride elimination does occur but the vinyl alcohol remains complexed to the metal long enough to undergo hydride shifts and form acetaldehyde without incorporating solvent deuterium. Intramolecular hydride shifts of this type are believed to occur in various other transition metal reactions.

$$\left[HOCH_2CH_2Pd \diagup\diagdown^{Cl}_{Cl} \right]^- \rightleftharpoons \left[\begin{array}{cc} CH_2 & H \\ \| & | \\ CH & Pd-Cl \\ | & | \\ OH & Cl \end{array} \right]^- \rightleftharpoons$$

$$\left[\begin{array}{c} H_3C \\ \diagdown \\ \\ H-O \diagup \end{array} CH-Pd \diagup\diagdown^{Cl}_{Cl} \right]^- \rightleftharpoons \left[\begin{array}{cc} CH_3 & H \\ | & | \\ CH & Pd \\ \| & \\ O & \end{array} \diagup\diagdown^{Cl}_{Cl} \right]^- \longrightarrow$$

$$CH_3CHO + [HPdCl_2]^-$$

$$[HPdCl_2]^- \longrightarrow H^+ + Pd + 2\,Cl^-$$

The existence of $[HPdCl_2]^-$ or hydrides of the general formula [HPdX] (probably solvated) has not been established although such compounds containing two "stabilizing" organophosphine ligands have been isolated [2,3]. There is indirect evidence of the existence of [HPdCl] since neither finely precipitated palladium metal nor hydrogen chloride alone catalyze the carbonylation of olefins [4] or the isomerization of olefins (see below), but catalysis does occur if both materials are present.

Another possible mechanism for the final step has been proposed. This requires a *beta* hydride shift from the hydroxyl bearing carbon to the *alpha* carbon with loss of $PdCl_2^-$. This mechanism cannot be ruled out at this time, but the first suggestion seems more consistent with the known chemistry of the transition metals.

Thus, the ethylene oxidation reaction basically consists of the addition of a hydroxypalladium group to ethylene followed by the elimination of a hydridopalladium group in one form or another. This is representative of the large number of reactions of this type. *Pi*-complexing is likely a necessary feature of most of these reactions but this has not been established in other examples.

The aqueous palladium chloride oxidation of ethylene to acetaldehyde has been developed into an *important commercial process*. The discovery of how to make the reaction catalytic with respect to palladium chloride was, perhaps, as important to the process as the discovery of the oxidation reaction itself. This process known as the *Wacker-Process*, employs cupric chloride as a catalyst for the oxygen (air) reoxidation of the palladium metal formed in the reaction [5]. Under the reaction conditions, oxygen does not directly oxidize palladium metal (or the possible intermediate hydridopalladium species) to divalent palladium at a significant rate but cupric chloride does, forming cuprous chloride in the process.

$$Pd + 2\,CuCl_2 \longrightarrow PdCl_2 + 2\,CuCl$$

The cuprous chloride then reoxidizes rapidly with oxygen reforming cupric ion. Thus, the oxidation can be carried out completely catalytically in palladium and copper.

$$CH_2{=}CH_2 + \frac{1}{2}\,O_2 \xrightarrow[PdCl_2]{CuCl_2} CH_3CHO$$

The ethylene oxidation reaction is also applicable to olefins other than ethylene, and in these cases the direction of addition of the hydroxy-palladium group determines which of two possible isomeric products is formed. In the addition of inorganic palladium compounds, the reaction generally occurs as though the palladium were positively charged and the substituent negatively charged, giving predominantly Markovnikov type additions. At this time, however, it is not clear what the factors are which influence the direction of addition of various palladium compounds to olefins.

The *oxidation of terminal olefins* has been developed into a useful reaction for producing methyl ketones in good yields [6]. Again, cupric chloride and oxygen are employed to allow the palladium chloride to be used in only catalytic amounts. The method uses aqueous dimethylformamide as solvent and a reaction temperature of 65° C.

$$CH_2{=}CHR + \frac{1}{2}\,O_2 \xrightarrow[CuCl_2]{PdCl_2} CH_3{-}\overset{\overset{\textstyle O}{\|}}{C}{-}R$$

II. Alcoholic Palladium Chloride Reactions

Vinyl ethers can be obtained from ethylene and alcohols with palladium chloride [7] by a mechanism that is probably very similar to that in the ethylene oxidation to acetaldehyde.

$$CH_2{=}CH_2 + ROH + PdCl_2 \longrightarrow CH_2{=}CHOR + 2\,HCl + Pd$$

Strong evidence supporting the addition mechanism is found in the reaction of allyldimethylamine with methanol and lithium tetrachloropalladate when the "intermediate adduct" is isolatable in 97% yield because it is stabilized by chelation of the palladium atom with the tertiary amine group [8].

$$2 \ CH_2=CHCH_2N(CH_3)_2 + 2 \ CH_3OH + 2 \ Li_2PdCl_4 \longrightarrow$$

+ 4LiCl + 2 HCl

Similar intermediates can be isolated in which chelating olefinic groups replace the tertiary amine. Dicyclopentadiene, for example, reacts with methanol and sodium tetrachloropalladate as shown in the following equation [9,10].

$$+ \ 2 \ CH_3OH + 2 \ Na_2 \ PdCl_4 \longrightarrow \qquad + 4 \ NaCl + 2 \ HCl$$

In this bicyclic case the palladium and methoxyl groups are *trans* to each other [11]. A *cis* stereochemistry would have been expected on the basis of the ethylene oxidation mechanism. *Trans*-addition, however, is unusually favorable in the bicyclic examples. Although addition to the exo positions is generally strongly preferred, it cannot occur here if the favorable chelating effect of the second double bond is to be obtained. As a result, only the solvent methanol can attack from the exo side. The endo *cis* adduct has not been prepared and it conceivably could rearrange to the *trans* isomer even if it were formed initially. Clearly, more work needs to be done on the stereochemistry of the addition reactions.

III. Palladium Chloride Addition with Hydride Elimination

In the absence of water, palladium chloride and ethylene react to form vinyl chloride [12] presumably by way of an adduct which eliminates the elements of [HPdCl].

$$CH_2=CH_2 + PdCl_2 \rightleftharpoons [ClPdCH_2CH_2Cl]^{a)} \longrightarrow CH_2=CHCl + [HPdCl]$$

IV. Palladium Acetate Addition with Hydride Elimination

Similarly, *vinyl acetate* is obtained from palladium acetate and ethylene in acetic acid solution [13]. A *cis* covalent addition of palladium acetate

$$CH_2=CH_2 + Pd(OAc)_2 \rightleftharpoons [AcOPdCH_2CH_2OAc]$$
$$\longrightarrow CH_2=CHOAc + [HPdOAc]$$

is probable here but ionic *trans* additions have not been ruled out (see below). The vinyl acetate synthesis can be made catalytic by use of cupric acetate and oxygen under the proper conditions for continuous regeneration of the palladium acetate. This reaction is now being operated commercially by several companies. Both solution and vapor-phase processes have been developed.

The palladium acetate addition to 1-olefins in acetic acid solution is predominately of the Markovnikov type producing ketone enol esters [14].

$$Pd(OAc)_2 + CH_2=CHCH_3 \longrightarrow [AcOPdCH_2\overset{\displaystyle OAc}{\overset{|}{C}HCH_3}]$$

$$\longrightarrow CH_2=\overset{\displaystyle OAc}{\overset{|}{C}}CH_3 + [HPdOAc]$$

The direction of the addition to 1-olefins is largely anti-Markovnikov if the reaction is carried out in a solvent mixture of 70% dimethylsulfoxide-30% acetic acid [14] or if substantial amounts of acetate salts are added to the acetic acid solvent [15]. The reasons for this effect are not certain; the change in direction of addition may result from the fact that pure palladium acetate is highly associated in acetic acid solution

---

a) Pd(II) is usually four, or at least three, coordinate but since we do not know what the other ligands are in this or many of the other intermediates suggested below, they are omitted.

while it is converted into much simpler (smaller) species by coordinating solvents or anions. Quite possibly both types of addition are largely sterically controlled but the effective size of the palladium group changes with respect to the acetate group when the ligands surrounding the palladium atom are changed.

V. Palladium Chloride — Cupric Chloride Reactions

Cupric Chloride can be used as a *reoxidant* in the vinyl acetate synthesis but other products are also produced. In fact, with increasing Cu(II) concentration, the side products can easily be made the major products [16]. The side products are chloro acetates and diacetates and they probably arise from a reaction of the palladium acetate-olefin adduct with cupric chloride or acetate.

$$[AcOCH_2CH_2PdOAc] \left\langle \begin{array}{l} \xrightarrow[\text{OAc}^-]{\text{Cu(II)}} AcOCH_2CH_2OAc + Pd(OAc)_2 \\ \\ \xrightarrow[\text{Cl}^-]{\text{Cu(II)}} AcOCH_2CH_2Cl + Pd(Cl)OAc \end{array} \right.$$

The details of the cupric salt reaction with the palladium adduct are not clear. Exchange to form a cupric alkyl is one possibility; or complex formation, probably with chloride bridges between the palladium adduct and cupric chloride, may occur with subsequent anion shift from palladium to carbon; or perhaps an S_N2 displacement of the complex metal group by an anion may occur. Rearrangements producing 1,3 and 1,4 substituted products from linear olefins have also been observed. For example, 1-butene produced several percent of 1,3- and 1,4-chloro acetates and diacetates under the reaction conditions used [16]. "Hydrido-palladium acetate or chloride" π-complexes would seem to be likely intermediates in these arrangements.

VI. Palladium Cyanide Addition with Hydride Elimination

The reaction of olefins with *palladium cyanide* appears analogous to the others mentioned earlier. Propylene and palladium cyanide at 150 °C produce mainly *methacrylonitrile* along with lesser amounts of crotononitrile and isobutyronitrile [17].

$$CH_2=CHCH_3 + Pd(CN)_2 \longrightarrow \overset{\overset{\displaystyle CH_3}{\displaystyle |}}{CH_2=C-CN} + Pd + HCN$$

The reduced product probably arises from the reaction of the intermediate palladium cyanide adduct with hydrogen cyanide.

$$\left[\begin{array}{c} CH_3 \\ | \\ CNPdCH_2CHCN \end{array}\right] + HCN \longrightarrow \begin{array}{c} CH_3 \\ | \\ CH_3CHCN \end{array} + Pd(CN)_2$$

Thus, inorganic palladium compounds often add to olefins, largely in the Markovnikov manner producing adducts which generally decompose rapidly by eliminating the elements of a hydridopalladium complex.

VII. Palladium Acetate Addition with Chloride Elimination

The elimination of groups other than hydride is also possible and does seem to occur, particularly with halides. The palladium chloride-catalyzed conversion of vinyl chloride to vinyl acetate [18] is probably an example of this type of reaction.

$$PdCl_2 + HOAc \rightleftharpoons [ClPdOAc] + HCl$$

$$CH_2=CHCl + [ClPdOAc] \longrightarrow \left[\begin{array}{c} OAc \\ | \\ ClPdCH_2CHCl \end{array}\right] \longrightarrow CH_2=CHOAc + PdCl_2$$

VIII. Carbonylation of Organopalladium Adducts

Further support for the proposed addition reactions is found when the reactions are carried out in the *presence of carbon monoxide*, and carbonylated derivatives of the proposed intermediates are isolated from the reaction mixtures.

Palladium chloride, propylene and carbon monoxide react in benzene solution to form 3-chlorobutyryl chloride in 27% yield [19]. The Markovnikov adduct apparently reacts with carbon monoxide and then the addition product undergoes a reductive elimination of Pd(O).

$$CH_3CH=CH_2 + PdCl_2 \rightleftharpoons \left[\begin{array}{c} Cl \\ | \\ CH_3CHCH_2PdCl \end{array}\right] \xrightarrow{CO} \left[\begin{array}{cc} Cl & O \\ | & \| \\ CH_3CHCH_2CPdCl \end{array}\right]$$

$$\longrightarrow \begin{array}{cc} Cl & O \\ | & \| \\ CH_3CHCH_2CCl \end{array} + Pd$$

Similar reactions occur in ethanol or acetic acid solution except that ethyl 3-ethoxybutyrate [20] and 3-acetoxybutyric acid-acetic acid mixed anhydride [21], respectively, are formed instead of 3-chloropropionyl chloride.

Carbon monoxide also appears able to react with "alkylpalladium chlorides" produced by the reversible reaction of "hydridopalladium chloride" formed from palladium metal and hydrogen chloride with olefins. For example, propylene, carbon monoxide, hydrogen chloride, and palladium metal in methanol solution react to form a 2:1 mixture of methyl isobutyrate and methyl butyrate [4].

$$Pd + HCl \rightleftharpoons [HPdCl]$$

$$CH_3CH=CH_2 + [HPdCl] \rightleftharpoons [CH_3\overset{\overset{\displaystyle PdCl}{|}}{C}HCH_3] + [CH_3CH_2CH_2PdCl]$$

$$[CH_3\overset{\overset{\displaystyle PdCl}{|}}{C}HCH_3] + CO \longrightarrow [CH_3\overset{\overset{\displaystyle COPdCl}{|}}{C}HCH_3] \xrightarrow{CH_2OH} CH_3\overset{\overset{\displaystyle COOCH_3}{|}}{C}HCH_3 + [HPdCl]$$

$$[CH_3CH_2CH_2PdCl] + CO \longrightarrow [CH_3CH_2CH_2COPdCl]$$

$$\xrightarrow{CH_2OH} CH_3CH_2CH_2COOCH_3 + [HPdCl]$$

There seems to be little preference in the direction of addition of the "hydridopalladium chloride". Perhaps the results reflect a balance between electronic and sterically controlled additions with the "hydride" adding electronically as an acid would.

C. Additions of Organopalladium Compounds

I. Organopalladium Addition with Hydride Elimination

Organopalladium complexes appear to undergo addition-elimination reactions in the same way as the inorganic complexes except that anti-Markovnikov addition is preferred. The reaction, of course, is limited to organopalladium compounds which lack hydrogens in positions β to the palladium atom. If the β hydrogens are present, the organopalladium compounds decompose by hydridopalladium elimination more rapidly than they add to olefins and useful reactions are not obtained.

Since organopalladium compounds, even without β-hydrogen groups, are generally unstable at room temperature unless certain "stabilizing ligands" such as trialkylphosphines [22] or bipyridyl [23] are present, the organopalladium reagents usually have been prepared in the reaction mixtures in the presence of the olefins with which they are to be reacted. The reagents have been found to be easily prepared by exchange reactions between organo-lead, -tin, or -mercury compounds and palladium salts such as the chloride or acetate. Mercury compounds have been used most often because they are generally more easily obtainable.

a) Reaction of Propylene

The reaction of propylene with "phenylpalladium acetate" has yielded information on the preferred mode of elimination as well as addition [24]. The reaction products found in methanol solution at 30 °C consisted of a 66% yield of a mixture of olefins containing

> 60% *trans*-propenylbenzene,
> 9% *cis*-propenylbenzene,
> 15% allylbenzene and
> 16% α-methylstyrene.

The first three products apparently arise from the anti-Markovnikov addition and the α-methylstyrene from Markovnikov addition.

$$C_6H_5HgOAc + Pd(OAc)_2 \longrightarrow [C_6H_5PdOAc] + Hg(OAc)_2$$

$$[C_6H_5PdOAc] + CH_2=CHCH_3 \longrightarrow \left[C_6H_5CH_2\overset{\overset{\displaystyle CH_3}{|}}{C}HPdOAc \right] + \left[AcOPdCH_2\overset{\overset{\displaystyle CH_3}{|}}{C}HC_6H_5 \right]$$

$$\left[C_6H_5CH_2\overset{\overset{\displaystyle CH_3}{|}}{C}HPdOAc \right] \xrightarrow{-[HPdOAc]} \underset{C_6H_5}{\overset{H}{>}}C=C\underset{CH_3}{\overset{H}{<}} + \underset{C_6H_5}{\overset{H}{>}}C=C\underset{H}{\overset{CH_3}{<}}$$

$$+ C_6H_5CH_2CH=CH_2$$

$$\left[AcOPdCH_2\overset{\overset{\displaystyle CH_3}{|}}{C}HC_6H_5 \right] \xrightarrow{-[HPdOAc]} CH_2=\overset{\overset{\displaystyle CH_3}{|}}{C}C_6H_5$$

A similar reaction employing chloride as the anion in place of acetate leads to a 76% yield of olefins of which 87% is *trans*-propenylbenzene, 4% *cis*-, only 0.5% allylbenzene and 7% α-methylstyrene. The *trans*-propenylbenzene is the major product and both the *cis*-isomer and allylbenzene are isomerized under the reaction conditions into it. Probably "hydridopalladium chloride" is the isomerizing agent. Thus, if initial reaction products are desired, an acetate system should be used in order to avoid, as much as is possible, product isomerization.

"p-Anisylpalladium acetate" has also been added to propylene under the same conditions as were used in the "phenylpalladium acetate" reaction [24]. A 65% yield of an olefin mixture was obtained and it consisted of 47% *trans*-p-propenylanisole, 17% *cis*-, 10% p-allylanisole and 27% 2-p-anisyl-1-propene. The latter product is from Markovnikov addition. The slightly higher yield of this product relative to the α-methylstyrene formed in the "phenylpalladium acetate" addition suggests that electronically, Markovnikov addition is preferred but that another factor or factors are more important in determining the major products of the reaction. The most probably explanation is that the addition is predominately sterically controlled with *the metal acting sterically as the smaller group*. Olefins with larger substituents than the methyl group of propylene generally give less of the Markovnikov product.

b) Mechanism of the Reaction

Comparisons of the relative rates of reaction of a series of olefins with "phenylpalladium chloride" in acetonitrile solution showed that ethylene was more reactive than methyl acrylate, which in turn was more reactive than propylene, styrene and α-methylstyrene. The relative rates were 14,000; 970; 220; 42; and 1, respectively [25]. Thus, the more substituted the ethylene group is, the slower it reacts. The results further suggest that a relatively non-polar addition is occurring. A *cis*-four-centered reaction appears likely but this is not definitely established by the data since the effect of prior π-complexing of the olefins with the "phenylpalladium chloride" on the relative rates is not known and it could be a major factor in determining the relative reactivities. A *cis*-four-centered addition seems likely in any case, however, since *trans*-addition would require phenyl cations, anions or radicals to be present in reactive solvents and it is unlikely that they would survive long enough to produce good yields of adducts. *Trans*- or *cis*- additions by termolecular mechanisms are conceivable, but since these additions would require the presence of two of the unstable organopalladium species in the activated complex, and since, after addition, two practically unknown and presumably very unstable palladium (I) fragments would be formed, this possibility seems inprobable.

Further information on the mechanisms of these addition reactions is found in a study of the reaction of "phenylpalladium acetate" with *trans*- and *cis*-propenylbenzene [24]. The *trans*-isomer reacted in nearly quantitative yield at 30 °C in methanol solution to produce *trans*-1,2-diphenyl-1-propene. About a half of a percent yield of 1,2-diphenyl-2-propene was also found. Only a trace of the Markovnikov product 1,1-diphenyl-1-propene was seen (See Chart 1). The reaction of *cis*-propenyl-benzene under the same conditions produced an 85% yield of olefins containing 65% of *cis*-1,2-diphenyl-1-propene, 22% *trans*-1,2-diphenyl-1-propene, 10% 2,3-diphenyl-1-propene and about 3% of 1,1-diphenyl-1-propene. The major products in both reactions are the one expected from a *cis*-anti-Markovnikov addition of the "phenylpalladium acetate" followed by a *cis*-elimination of "hydrodopalladium acetate". There is practically no Markovnikov addition.

The minor products in the *cis*-propenylbenzene reaction require a more complicated explanation. Since 2,3-diphenyl-1-propene cannot arise from the initial, expected "phenylpalladium acetate" adduct, some rearrangement reaction must occur. In the formation of the major product, "hydridopalladium acetate" is presumed to be formed. Conceivably this species could re-add to the *cis*-1,2-diphenyl-1-propene in the reverse way and undergo a β-elimination with loss of a different hydrogen atom to form the two minor olefins. Since excess starting olefin, *cis*-propenyl benzene is isomerized to the extent of only about 18% by the end of the reaction and since this must occur by a re-addition mechanism, it does not seem likely that significant re-addition would occur to the presumably much less reactive *cis*-1,2-diphenyl-1-propene. More probably the "hydridopalladium acetate" is not immediately lost from the *cis*-1,2-diphenyl-1-propene and re-addition occurs from an intermediate π-complex. Similar hydride shifts through π-complex intermediates seem to occur in other Group VIII metal reactions such as the hydroformylation reaction [26]. Evidence that the proposed rearranged intermediate does decompose into the observed products is found in a study of the products obtained from the reaction of "phenylpalladium acetate" with α-methylstyrene. If an anti-Markovnikov addition is assumed in this reaction, then the intermediate adduct should have the same structure as the proposed rearranged intermediate in the *cis*-pro-penylbenzene reaction. The reaction produced, in 96% yield, a mixture of olefins containing 57% *trans*-1,2-diphenyl-1-propene and 43% 2,3-diphenyl-1-propene. Thus, the expected products were formed. Although the ratios were not the same as in the *cis*-propenylbenzene reaction, they are similar enough to suggest that the rearrangement mechanism is probably correct. Chart 1 summarizes the steps which are believed important in these reactions.

Similar stereochemical results have been obtained with different starting olefins and with the aliphatic palladium compound, "carbomethoxypalladium acetate" prepared *in situ* from carbomethoxymercuric acetate [27] and palladium acetate [24]. The latter reagent allows unsaturated esters to be prepared from olefins.

c) Preparation of Unsaturated Esters

In the reaction of "carbomethoxypalladium salts" with olefins, there is a marked tendency to product unsaturated esters in which the double bond is not conjugated with the carbonyl. The reaction of "carbomethoxy palladium acetate" with α-methylstyrene produced an 86% yield of unsaturated esters of which 96% was the non-conjugated isomer, methyl 3-phenyl-3-butenoate and only 4% was the *trans*-conjugated product [24].

$$[CH_3OCOPdOAc] + CH_3-C=CH_2 \longrightarrow \left[CH_3-\underset{\underset{\bigcirc}{|}}{\overset{\overset{PdOAc}{|}}{C}}-CH_2COOCH_3 \right] \xrightarrow{-[HPdOAc]}$$

$$CH_2=\underset{\bigcirc}{C}-CH_2COOCH_3 \qquad + \qquad \underset{\bigcirc}{\overset{H_3C}{\diagdown}}C=C\overset{COOCH_3}{\underset{H}{\diagup}}$$

Similarly, 1-hexene and "carbomethoxypalladium acetate" reacted to produce a 73% yield of esters of which 58.5% was the non-conjugated isomer and 41.5% was conjugated [24].

$$[CH_3OCOPdOAc] + CH_2=CH(CH_2)_3CH_3 \longrightarrow \left[CH_3OCOCH_2\overset{\overset{PdOAc}{|}}{CH}(CH_2)_3CH_3 \right]$$

$$\xrightarrow{-[HPdOAc]} CH_3OCOCH_2CH=CH(CH_2)_2CH_3 + \overset{H}{\underset{CH_3OOC}{\diagdown}}C=C\overset{(CH_2)_3CH_3}{\underset{H}{\diagup}}$$

There could be a *chelation effect* of the carbomethoxyl group with the palladium atom in the adduct which preferentially produces the exocyclic elimination product, or there may just be a tendency to eliminate the more electronegative hydrogen atom.

235

In cyclic olefin additions, "carbomethocypalladium acetate" produces only the non-conjugated esters because *cis*-"hydridopalladium acetate" elimination to form the conjugated isomer (and a *trans*-cyclic olefin) is very unfavorable, at least with the first eight or ten members of the series.

Of course, similar 3-substituted cyclic olefins also are obtained in the reactions of other "organopalladium acetates" with cyclic olefins and this procedure is generally useful for such synthesis [28].

d) Preparation of Hindered Olefins

Another useful feature of the organopalladium reaction is that it can produce fairly hindered olefins from ortho-substituted aromatic mercurials. For example, "2,4,6-triisopropylphenylpalladium chloride", prepared *in situ*, from the mercurial and lithium chloropalladate in acetonitrile solution, reacts with styrene to produce a 40% yield of *trans*-2,4,6-triisopropylstilbene. This is about the same yield of product that is obtained with the unsubstituted "phenylpalladium chloride" under the same conditions [24].

e) Limitations and Catalysis of the Reaction

The organopalladium addition reactions to produce substituted olefinic compounds are very useful laboratory syntheses since a wide variety of substituents and functional groups can be present in both the organo-palladium species and the olefin. The only groups which may inhibit the reaction to some extent are ones which form *stable complexes* with the palladium salt, such as unhindered amines. Lower yields are generally obtained when *strongly electron donating substituents* such as free phenolic groups are present in the aromatic mercurials and hindered olefins usually react poorly.

Fortunately, most of the palladium addition reactions with olefins can be carried out catalytically in the palladium compound so that large amounts of the expensive palladium compounds are not needed. As in the inorganic palladium salt additions, cupric chloride is a useful reoxidant. This, of course, limits the catalytic reaction to cases where olefin isomerization is not a problem. The cupric chloride is reduced to cuprous chloride during the reaction. As in the acetaldehyde synthesis, the reaction may be made catalytic in copper as well as palladium by adding oxygen and, in this case, hydrogen chloride also.

$$2 \, CuCl + \frac{1}{2} \, O_2 + 2 \, HCl \longrightarrow 2 \, CuCl_2 + H_2O$$

II. Organopalladium — Cupric Chloride Additions

Cupric chloride, if present in concentrations above ca. $0.5 M$, may cause side reactions to occur in the olefin arylation reaction similar to those that occur with cupric chloride in the vinyl acetate synthesis mentioned above. The side reaction produces 2-arylethyl chlorides and these products may be made the major ones if cupric chloride is present to the extent of about $2 M$ in 10% aqueous acetic acid solution [29]. The mixed solvent is required to obtain the necessary solubility of the cupric chloride. This is a general reaction useful for producing a variety of 2-arylalkyl halides. For example, 3-phenyl-2-chloropropionaldehyde is obtained in 63% yield by the reaction of "phenylpalladium chloride", cupric chloride and acrolein.

$$CH_2{=}CHCHO + [C_6H_5PdCl] \longrightarrow \left[\begin{array}{c} PdCl \\ | \\ C_6H_5CH_2CHCHO \end{array} \right] \xrightarrow{2 \, CuCl_2}$$

$$\begin{array}{c} Cl \\ | \\ C_6H_5CH_2CHCHO + PdCl_2 + CuCl \end{array}$$

Cupric acetate does not function as a reoxidant at the low temperature generally useful for the olefin arylation reaction. *Mercuric acetate* is sometimes useful but it may add to the olefins present and complicate the reaction. *Lead tetracetate* reoxidizes palladium but also causes the formation of acetates by a reaction apparently analogous to the cupric chloride one just mentioned. Thus, "phenylpalladium acetate", lead tetracetate and ethylene react at room temperature to form a mixture of styrene and 2-phenethyl acetate [28]. There is no completely satisfactory way yet known to make the olefin arylation reaction catalytic in palladium when acetate is the only anion present.

III. Formation of 3-Arylcarbonyl Compounds from Allylic Alcohols

Abnormal olefin arylation reactions which are of interest mechanistically and preparatively occur with some allylically substituted compounds. The allylic esters and ethers appear normal and produce cinnamyl derivatives exclusively while allylic alcohols and chlorides are abnormal. Allylic alcohols and "arylpalladium acetates" form 3-arylaldehydes from primary allylic alcohols and 3-arylketones from secondary alcohols [30]. The mechanism of reaction apparently involves anti-Markovnikov addition of the palladium compound to the double bond followed by elimination of the hydrogen atom on the hydroxyl-bearing carbon rather than the benzylic hydrogen. This again would be elimination of the more electronegative hydrogen atom.

$$[C_6H_5PdOAc] + CH_2=CHCH_2OH \longrightarrow \left[\begin{array}{c} PdOAc \\ | \\ C_6H_5CH_2CHCH_2OH \end{array} \right] \xrightarrow{-[HPdOAc]}$$

$$C[_6H_5CH_2CH=CHOH] \longrightarrow C_6H_5CH_2CH_2CHO$$

This elimination is reminiscent of the last step in the aqueous palladium chloride oxidation mentioned above and this reaction also may involve multiple hydride addition-elimination steps. Minor amounts of the "normal products" and Markovnikov products are also generally found in these reactions. Cupric chloride can be used as a reoxidant although the yields are generally lower than with an all acetate, noncatalytic reaction.

IV. Formation of Allylaromatics from Allylic Chlorides

Allylic chlorides and "arylpalladium chlorides" apparently react to form anti-Markovnikov adducts which then decompose by eliminating palladium chloride rather than hydride, producing allylaromatic compounds [31].

$$[C_6H_5PdCl] + CH_2\!\!=\!\!CHCH_2Cl \longrightarrow \left[C_6H_5CH_2\overset{\overset{\displaystyle PdCl}{|}}{C}HCH_2Cl \right] \xrightarrow{-PdCl_2}$$

$$C_6H_5CH_2CH\!\!=\!\!CH_2$$

This reaction, as written, would be catalytic in palladium chloride but in practice it is only partially catalytic because some of the palladium salt is reduced in a side reaction. The side reaction is the arylation of the product allylaromatic compound and this occurs because the product is more reactive towards the "arylpalladium chloride" than allyl chloride is. This side reaction, producing *1,3-diarylpropenes*, can be minimized by using an excess of the allylic chloride. The allylation and allylic alcohol arylation are both tolerant of the same variations in structure and substituents as is the arylation reaction and therefore are of considerable synthetic utility.

V. Palladation Reactions

The preparation of organopalladium compounds by exchange reactions of palladium salts and organo-lead, -tin, or -mercury compounds is apparently not the only way that they can be obtained but it does seem to be the most useful way. Convincing evidence is now available to show that *direct metalation of aromatic compounds with palladium salts* (palladation) can occur. Since the initial report of Cope and Siekman [32] that palladium chloride reacted readily with azobenzene to form an isolable chelated, sigma-bonded arylpalladium compound, several additional chelated arylpalladium compounds have been prepared.

In one case, at least, such a chelated complex has been shown to undergo the arylation reaction with an olefin. This example is the reaction of the N,N-dimethylbenzylamine-palladation product [33] with styrene as reported by Tsuji [20].

The presence of chelating groups in those complexes is necessary to stabilize the intermediate aryl-palladium complex for isolation but it does not seem necessary to cause palladation. The chelating group does, however, tremendously accelerate the palladation. Aromatic compounds reactive to electrophilic substitution apparently undergo palladation with palladium acetate in acetic acid solution fairly readily at 100 °C or above. Of course, the arylpalladium acetates presumably formed, are not stable under these conditions, and they decompose very rapidly into biaryls and palladium metal [34,35,36] as do aryl palladium salts prepared by the exchange route [24]. If the direct palladation is carried out in the presence of suitable olefins, arylation can be achieved, so far, however, only in poor yields, and with concurrent loss of stereospecificity and formation of isomers and other side products [37,38].

Palladation seems to be an electrophilic substitution reaction but it is less selective than mercuration. As in mercuration, the chloride is very much less reactive than the acetate. A curious effect of anion on the palladation of toluene has been noted by Bryant [39]. Palladium acetate with potassium acetate oxidizes toluene *exclusively to benzyl acetate*, possibly by way of benzylpalladium acetate [40] while the combination of palladium chloride and sodium acetate oxidizes toluene almost exclusively to bitolyls. No explanation of this effect has yet been offered.

D. Summary

The addition-elimination reactions of palladium compounds with olefins provide new routes to a wide variety of vinyl and allyl substitution products and, in some instances, saturated products. Many of these reactions cannot be achieved as easily in other ways. The investigatons in this field are just beginning but already it is clear that the reactions arc of considerable commercial as well as laboratory use.

E. References

1) Henry, P. M.: J. Am. Chem. Soc. *86*, 3246 (1964).
2) Brooks, E. H., Glockling, F.: Chem. Commun. *1965*, 510.
3) Green, M. L. H., Saito, T.: Chem. Commun. *1969*, 208.
4) Tsuji, J., Morikawa, M., Kiji, J.: Tetrahedron Letters *1963*, 1437.
5) Smidt, J., Hafner, W., Jira, R., Sedelmeier, J., Sieber, R., Ruttinger, R. Kojer, H.: Angew .Chem. *71*, 176 (1959).
6) Clement, W. H., Selwitz, C. M.: J. Org. Chem. *29*, 241 (1965).
7) Stern, E. W., Spector, M. L.: Proc. Chem. Soc. (London) *1961*, 371.
8) Cope, A. C., Kliegman, J. M., Friedrich, E. C.: J. Am. Chem. Soc. *89*, 287 (1967).
9) Hoffman, K. A., Narbutt, J. V.: Ber. *41*, 1625 (1908).
10) Chatt, J., Vallarino, L. M., Venanzi, L. M.: J. Chem. Soc. *1957*, 2496, 3413 (1957).
11) Stille, J. K., Morgan, R. A.: J. Am. Chem. Soc. *88*, 5135 (1966).
12) Neth. Appl. 6,504,302; C.A. *64*, 12554 (1966).
13) van Helden, R., Kohle, C. F., Medema, D., Verberg, G., Jonkhoff, T.: Rec. Trav. Chim. *87*, 961 (1968).
14) Kitching, W., Rappoport, Z., Winstein, S., Young, W. G.: J. Am. Chem. Soc. *88*, 2054 (1966).
15) Schultz, R. G., Gross, D. E.: Advan. Chem. Ser. *70*, 97 (1968).
16) Henry, P. M.: J. Org. Chem. *32*, 2575 (1967).
17) Odaira, Y., Oishi, T., Yukawa, T., Tsutsumi, S.: J. Am. Chem. Soc. *88*, 4105 (1966).
18) Spector, E. W., Spector, M. L., Leftin, H. P.: J. Cat. *6*, 152 (1966).
19) Tsuji, J., Morikawa, M., Kiji, J.: J. Am. Chem. Soc. *86*, 8451 (1965).
20) Tsuji, J.: Acc. Chem. Res. *2*, 151 (1969).
21) Medema, D., van Helden, R., Kohll, C. F.: Inorg. Chim. Acta *3:2*, 255 (1969).
22) Calvin, G., Coates, G. E.: Chem. Ind. (London) *6*, 160 (1958).
23) — — J. Chem. Soc. *1960*, 2008.

R. F. Heck

24) Heck, R. F.: J. Am. Chem. Soc. *91*, 6707 (1969).
25) — J. Am. Chem. Soc. *90*, 5518 (1968).
26) — Breslow, D. S.: J. Am. Chem. Soc. *83*, 4023 (1961).
27) Schoeller, W., Schrauth, W., Essers, W.: Ber. *46*, 2864 (1913).
28) Heck, R. F.: unpublished work.
29) — J. Am. Chem. Soc. *90*, 5538 (1968).
30) — J. Am. Chem. Soc. *90*, 5526 (1968).
31) — J. Am. Chem. Soc. *90*, 5531 (1968).
32) Cope, A. C., Siekman, R. W.: J. Am. Chem. Soc. *87*, 3273 (1965).
33) — Friedrich, E. C.: J. Am. Chem. Soc. *90*, 909 (1968).
34) van Helden, R., Verberg, G.: Rec. Trav. Chim. *84*, 1263 (1965).
35) Davidson, J. M., Triggs, C.: Chem. Ind. (London) *1967*, 1361.
36) Unger, M. O., Foutiz, R. A.: J. Org. Chem. *34*, 18 (1969).
37) Danno, S., Moritani, I., Fijiwara, Y.: Tetrahedron *25*, 4809 (1969).
38) Fijiwara, Y., Moritani, I., Danno, S., Asano, R., Teranishi, S.: J. Am. Chem. Soc. *91*, 7166 (1969).
39) Bryant, D. R., McKeon, J. E., Ream, B. C.: Tetrahedron Letters *1968*, 3371.
40) Fritton, P., McKeon, J. E., Ream, B. C.: Chem. Commun. *1969*, 370.

Received March 20, 1970

Commercial Organolead Compounds

Dr. F. W. Frey and Dr. H. Shapiro

Ethyl Corporation, Baton Rouge, Lousiana, USA

Contents

1. Historical Background

Organolead compounds are those in which a lead atom is bound directly to one or more carbon atoms. It is generally accepted that Löwig [210,211] first synthesized an organolead compound in 1853 by reacting a sodium-lead alloy with ethyl iodide. Löwig's product was either or both tetraethyllead and hexaethyldilead. At about the same time, Cahours [62] reacted lead metal with ethyl iodide to yield a small amount of an organolead product.

From this modest beginning, organolead chemistry has become one of the largest branches of organometallic chemistry; one estimate has placed the number of organolead compounds known by 1965 at approximately 1200 [323]. Among the metals forming organometallic compounds, only silicon, mercury, and tin compounds exceed this number.

The greatest single impetus to increased study of organolead chemistry had its origins in 1916 at Charles F. Kettering's Dayton Research Laboratories Co., at Dayton, Ohio [128,223,233]. These Laboratories were incorporated into General Motors in 1920. Mr. Kettering directed Thomas Midgeley, Jr., T. A. Boyd, and others in a lengthy study of the knocking phenomenon in Otto-cycle engines run on gasoline-type fuels. Engine investigations were carried out with some devices still in use today, such as a quartz window, high speed recorders to obtain the pressure curve inside an engine, the bouncing pin indicator, and ultimately, a spectroscope. After many false starts, during which hundreds of compounds were tested as gasoline additives, Midgeley and Boyd began a systematic study based on the periodic table. The antiknock properties of iodine were discovered in 1916, of aniline in 1919, of selenium and tellurium compounds early in 1921, and of tetraethyllead late in 1921. However, the first *tetraethyllead patent* was not granted until February 23, 1926. Work then followed on scavenging compounds to remove the lead combustion products from the engine, resulting in the discovery of the usefulness for this purpose of chlorine- and bromine-containing additives; these are still used commercially. The search for a suitable manufacturing process for tetraethyllead began with a repetition of Löwig's early synthesis. This work soon engaged the efforts of additional chemists in other groups including E. E. Reid, R. E. Wilson, C. S. Venable, W. G. Horsch, C. A. Hochwalt, E. B. Peck, C. A. Kraus, C. C. Callis and others. Kraus and Callis at Clark University were already experienced organometallic chemists, and they undertook an investigation of the preparation of tetraethyllead for Standard Oil of New Jersey. It was shown that monosodium-lead alloy can react with ethyl chloride in good yield in the absence of a catalyst, but that the composition of the alloy is critical. The Standard Oil Co. then built a pilot plant for this reaction at Bayway, New Jersey, in 1922.

Gasoline containing tetraethyllead as an antiknock additive was first sold by General Motors Development Co. in Dayton, Ohio, in February, 1923. Ethyl Gasoline Corporation was formed to exploit the antiknock business by General Motors and Standard Oil in August of 1924. Commercial production of tetraethyllead was begun for them by

E. I. duPont de Nemours and Co. in Delaware as soon as possible. Finally, Ethyl Corporation started manufacture for its own account in 1945, and many other companies have since followed.

The commercial production of bromine to manufacture *ethylene bromide for scavenger use* presented a problem also. This problem was attacked at both General Motors and Ethyl, and was later solved commercially with the cooperation of the Dow Chemical Co. Another joint company, Ethyl-Dow Chemical Co., was then formed in 1933. The first commercial plant for obtaining bromine from sea water was built at Kure Beach, North Carolina, in the same year.

The total production of tetraalkyllead antiknock compounds in the U.S.A. alone in 1967 amounted to almost 700 MM lbs.

Following the powerful impetus given to organolead chemistry by the development of the antiknock industry in the 1920's, the 1950's provided another boost in interest in this field. The resurgence of interest was caused by several special factors: the synthesis of new types of organolead compounds, new methods of synthesis based on alkylaluminum chemistry and electrolysis, a better realization of the differences between organotin and organolead chemistry, and the understanding that many areas of the organolead chemical field had been investigated only superficially and needed further elucidation.

Many good reviews of organolead chemistry have been published. Krause and von Grosse [196] covered the synthesis and properties exhaustively up to 1937; Leeper, Summers, and Gilman [203] wrote an excellent review in 1954; and Shapiro and Frey [289] brought the subject up to date comprehensively in 1968. There are good shorter reviews, among others, by Willemsens [322] in 1964, Willemsens and van der Kerk [323] in 1965, and Shapiro and Frey [290] in 1967 in the Encyclopedia of Chemical Technology.

2. Types of Organolead Compounds

Organolead derivatives can be divided into two main classes:

1) those compounds in which the lead atom is bonded exclusively to carbon or to another lead atom; and

2) those compounds in which the lead atom is bonded to an atom other than carbon or lead, and in addition has one or more lead-carbon bonds.

In the first class are found the tetraorganolead, the hexaorganodilead, and the diorganolead compounds, as well as the newly discovered polylead compounds, such as tetrakis (triphenylplumbyl) lead, $[(C_6H_5)_3-Pb]_4Pb$.

The second class includes the organolead derivatives of the various organic and inorganic acids, as well as the organolead hydrides, oxides, alkoxides, amines, phosphines, etc. These are mostly represented by the general formulas R_3PbAn and R_2PbAn_2, in which An represents any anionic moiety. In addition, a limited number of $RPbAn_3$ compounds has been isolated and characterized, all of these being aryllead tricarboxylates, $ArPb(OOCR)_3$. The other major group of organolead compounds of the second class are the triorganoplumbylmetal compounds, R_3PbM. These latter compounds have not been isolated in the pure state and are not well characterized. They are best represented as being complexes of diorganolead with another organometal moiety, such as organosodium or organolithium. Evidence has been obtained recently for the existence of R_3PbMgX compounds in strongly basic solvents such as tetrahydrofuran and pyridine[155,158,323,329]. These R_3PbM compounds are very useful for the synthesis of other organolead compounds, particularly unsymmetrical tetraorganolead compounds of the type R_3PbR'.

Diorganolead compounds, R_2Pb, are very unstable and hence very are poorly characterized, with the exception of dicyclopentadienyllead and its methyl analog. Dialkyl- and diaryllead compounds are postulated to be formed as the initial intermediates in the reactions of divalent lead salts with an organolithium compound or a Grignard reagent. However, they decompose under mild conditions to form R_6Pb_2 or R_4Pb compounds. Krause and Reissaus[197] reported in 1922 the successful isolation of diphenyllead and di-*o*-tolyllead but several attempts to repeat this work have been unsuccessful[22,155,179,323]. Willemsens and van der Kerk[323,324] have concluded that the red solid isolated by Krause and Reissaus was probably tetrakis(triphenylplumbyl) lead, instead of diphenylead. Willemsens and van der Kerk also prepared the *p*-tolyl analog of this polylead compound, as well as a number of mixed metal phenyl derivatives of the type $[(C_6H_5)_3M]_4 M'$ (where M and M' are Ge, Sn and Pb).

Hexaorganodilead compounds, although generally more stable than the diorganolead analogs, tend to be less stable than their tetraorganolead analogs and undergo disproportionation to $R_4Pb + Pb$ at elevated temperature or in the presence of a catalyst[153,221,254]. Because of their yellow color and from cryoscopic measurements in dilute solutions, R_6Pb_2 compounds were originally designated as being triorganolead compounds and were postulated to be capable of dissociating to a high degree to form $R_3Pb \cdot$ free radicals. However, such a dissociation is not supported by magnetic susceptibility measurements, electron paramagnetic resonance measurements and osmometric measurements on a number of hexaorganodilead compounds. Furthermore, it has been shown that solutions of hexaphenyldilead and hexacyclohexyldilead obey Beers' Law[111]. These data are consistent with the composition R_6Pb_2 in which the lead atoms are bonded *directly* to each other. From electron diffraction measurements [299] a value of 2.88 Å has been calculated for the lead-lead bond distance in hexamethyldilead. This corresponds to a value of 1.44 Å for the covalent lead radius and is in excellent agreement with Pauling's value of 1.43 Å for the covalent radius of tetravalent lead.

The tetraorganolead compounds are the best characterized of all the different types of organolead compounds, and tend to be the most stable and least reactive. Generally, they are formed as the major product in the synthesis reactions employed for organolead compounds and they serve as the starting material in the synthesis of other types of organolead compounds.

R_3PbAn and R_2PbAn_2 compounds have not been thoroughly characterized. The halides have received some limited attention, but the physical and chemical properties of the other types of compounds, such as the carboxylates, alkoxides, amines, and phosphines, have been given only the scantest investigation. In general, where An is the anion of a strong Lewis acid, the R_3PbAn compounds are fairly stable to both thermolysis and hydrolysis. On the other hand, derivatives of weak acids are much less stable and decompose at room temperature or below to R_4Pb and inorganic lead by-products; they also undergo facile hydrolysis. Organolead hydrides, alkoxides and oxides are examples of less stable organolead derivatives. The R_3PbAn and R_2PbAn_2 derivatives of strong Lewis acids are very similar in their properties to divalent lead salts of organic or inorganic acids. Thus, they readily undergo metathesis reactions and they form stable compounds with a number of monodentate and polydentate ligands, such as pyridine, 8-hydroxyquinoline, phenanthroline, dimethylformamide, and dithizone. The dithizone complexes of triethyllead and diethyllead are employed in a colorimetric procedure for the determination of triethyllead and diethyllead salts. The *coordination chemistry* of organolead salts is an area which has generated interest only in recent years.

3. Nature of Bonding

The organometallic derivatives of lead are not as well characterized as those of the other Group IVb elements. It is only within the past few years that any great attention has been given to obtaining a better understanding of the nature of the bonding in and the structure of the different types of organolead compounds.

From the electronic structure of the lead atom, one would expect the tetraorganolead compounds to form via an sp^3 hybridization of the two s and two p electrons in the outer shell of the lead atom, with the carbon atoms arranged in a tetrahedral configuration around the lead atom. All of the physical properties data on R_4Pb compounds are consistent with a tetrahedral configuration. Similarly, the physical properties data for the R_6Pb_2 compounds, although sparser than that for the R_4Pb compounds, are consistent with a structure in which the two lead atoms are each bonded to three carbon atoms located tetrahedrally around the lead atoms, with the fourth orbital of each lead atom being satisfied by a lead-to-lead bond.

As the result of the small difference in the electronegativities of lead and carbon, the lead-to-carbon bond in tetravalent lead compounds exhibits a high degree of covalent character. The most commonly accepted "best" value for the *electronegativity* of lead is 1.8 (C = 2.5—2.6) [252], although a value of 1.13 has been proposed which was calculated from force constants derived from the infrared spectrum of tetramethyllead [294]. An electronegativity value for lead of 2.45 has also been proposed more recently by Allred and Rochow [6,7] on the basis of the *proton* chemical shifts observed in the NMR spectra of tetramethyllead and the tetramethyl derivatives of the other Group IVb elements. On the other hand, electronegativity values of the Group IVb elements calculated from the ^{13}C chemical shifts observed in the NMR spectra of the tetramethyl derivatives gave excellent agreement with the "best" values calculated by Pritchard and Skinner [252].

From dipole moment measurements on several selected triorgano- and diorganolead halides, Lewis, Oesper and Smyth [207,300,301] concluded that *the lead-halogen bond* in the compounds possesses a high degree of ionic character, approaching that of the lead-halogen bonds in the divalent lead halides. However, conductivity measurements on triphenyllead chloride, trimethyllead chloride and triethyllead chloride in various solvents, such as pyridine, acetonitrile, nitrobenzene, dimethylformamide, sulfur dioxide, liquid hydrogen chloride, tetramethylene sulfoxide and dimethylacetamide, showed these triorganolead halides to be non-ionized in these solvents [218,239,308,309]. From infrared and Raman spectral data, it has been concluded that the triorganolead lead halides and diorganolead dihalides are associated by way of halogen bridging [8,94,295]. The triorganolead halides are proposed to exist in a trigonal bipyramidal structure in which the lead atom is coordinated to two bridging halogen atoms. The diorganolead dihalides are proposed to have an octahedral structure, in which the lead atoms are bonded to four bridging halogen atoms.

The *other organolead salts*, such as the organolead carboxylates, are less well characterized than the halides. From the infrared spectra of a series of trimethyllead carboxylates, Okawaro and Sato [236] concluded these compounds to contain a planar trimethyllead cation in association with a carboxylate anion. Conversely, Janssen and coworkers [177], from the infrared spectra of trimethyllead and trihexyllead acetates proposed that these two compounds exist as coordination polymers in which the lead atom is pentacoordinate, the lead being bonded to the three alkyl groups and to two oxygen atoms belonging to two different acetate groups.

Regardless of their degree of ionic character and the spatial configuration around the lead atoms, organolead salts of the type R_3PbX and R_2PbX_2, such as the halides and carboxylates, are very similar in their chemical properties to the halide and carboxylate derivatives of divalent lead, PbX_2. As was mentioned in the preceding section, they readily undergo metathesis reactions, in which the X moiety is exchanged for some other anionic species, and they also form coordination compounds with many Lewis bases.

Little is known about the nature of the bonding in and the structure of organo derivatives of *divalent lead*. The most probable type of configuration is one in which the lead atom is assumed to undergo sp^2 hybridization and have a vacant p orbital, the R-Pb-R bond angle being less than 90 °. The ability of dialkyl- and diaryllead compounds to react with organosodium and organolithium reagents to form R_3PbM compounds is consistent with this type of structure. The most striking difference between the lead-carbon bond in R_2Pb compounds *versus* R_4Pb and R_6Pb_2 compounds is their hydrolytic instability. R_2Pb compounds, and R_3PbM compounds, are unstable to and completely decomposed by water, even in the cold.

A unique type of R_2Pb compound is the *cyclopentadienyl derivative of divalent lead*. Only two such compounds are known, bis(cyclopentadienyl)lead and bis(methylcyclopentadienyl)lead. From dipole moments and infrared and NMR spectra, these compounds are postulated to possess a sandwich-type configuration, similar to that of ferrocene and the other metallocenes, but one in which the cyclopentadienyl rings are located angularly about the lead atom. This type of structure is the first

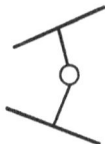

of its kind to be established. Attempts to form indenyl and fluorenyl derivatives of this type have been unsuccessful. The lead-carbon bond in the bis-cyclopentadienyl derivatives is postulated to consist predominantly of sigma bonding, augmented with some additional π-bonding between the lead atom and the cyclopentadienyl rings.

4. Methods of Synthesis

Organolead compounds can be synthesized by those methods commonly used for the synthesis of most organometallic compounds. However, in contrast to the organometallic derivatives of the other Group IV b metals, the synthesis of organolead derivatives from lead metal, lead alloys or inorganic lead salts generally leads to the formation of the tetraorganolead and/or hexa-organolead derivatives as the major products and not R_2Pb, R_2PbX_2 or R_3PbX. Hence, organolead compounds other than R_4Pb and R_6Pb_2 compounds, particularly those of the type R_3PbX and R_2PbX_2, are best prepared from the R_4Pb and R_6Pb_2 derivatives. The most common methods of synthesis are discussed in the following paragraphs.

4.1 By Reaction of Lead Metal and Lead Alloys with Organic Esters

As was mentioned in Section 1, the first synthesis of an organolead compound was reported by Löwig [210,211], who synthesized tetraethyllead by the reaction of a *sodium-lead alloy* with ethyl iodide. Some 35 years later, Polis [247,248] prepared the first aryl lead derivative by the reaction of bromobenzene with a sodium-lead alloy. Since 1923, the sodium-lead alloy-ethyl chloride reaction has been used for the commercial production of tetraethyllead. A similar reaction has also been used for the commercial production of tetramethyllead since 1960. The sodium-lead alloy-alkyl chloride reaction is discussed in Section 6.

Lead alloys other than sodium-lead alloy are also reactive with alkyl halides to form R_4Pb compounds. *Dimagnesium-lead alloy*, Mg_2Pb, is reactive with alkyl halides in the presence of a diethyl ether-iodine catalyst mixture to form R_4Pb [285]. The reaction with ethyl chloride was considered at one time for the commercial production of tetraethyllead, but the high yields obtained in the laboratory could not be duplicated in pilot plant equipment [284]. A main advantage of the use of Mg_2Pb in place of $NaPb$ is that no by-product lead metal is formed under ideal conditions.

$$Mg_2Pb + 4\,RX \longrightarrow R_4Pb + 2\,MgX_2$$

Mg_2Pb alloy is also reactive with alkyl halides higher than ethyl halides whereas sodium-lead alloy is not, except in the presence of water and pyridine [167,274]. This "hydrous" system was used briefly in the 1920's for the commercial production of tetraethyllead [67].

Calcium-lead alloys, $CaPb$ and Ca_2Pb [200,201], and *lithium-lead alloys*, Li_4Pb [23] and Li_2Pb [321], are also reactive with alkyl halides to form

R_4Pb, but these systems offer no advantage, economic or otherwise, over the sodium-lead alloy systems.

Finely-divided *lead metal* is also reactive with alkyl halides and other alkyl esters to form R_4Pb [161,240]. The reaction of lead metal with ethyl iodide was reported by Cahours [62,63] to give an organolead product, at about the same time as Löwig published his papers. The reaction with ethyl chloride has been considered as a way of utilizing the by-product lead metal from the $NaPb$-C_2H_5Cl reaction, but it has not been commercialized because it requires an iodine catalyst and because two thirds of the lead metal is converted to lead(II) chloride, according to:

$$3\,Pb + 4\,RX \longrightarrow R_4Pb + 2\,PbX_2$$

Dialkyl sulfates and *trialkyl phosphates* will also undergo reaction with lead metal at elevated temperatures, preferably in the presence of an iodide catalyst, to form R_4Pb [199].

$$3\,Pb + 2\,R_2SO_4 \longrightarrow R_4Pb + 2\,PbSO_4$$
$$9\,Pb + 4\,R_3PO_4 \longrightarrow 3\,R_4Pb + 2\,Pb_3(PO_4)_2$$

Diethyl sulfate is also reactive with sodium-lead alloy [293] and calcium-lead alloy [200,201] to form R_4Pb. With NaPb, the stoichiometry is:

$$4\,NaPb + 4\,(C_2H_5)_2SO_4 \longrightarrow (C_2H_5)_4Pb + 4\,Na(C_2H_5)SO_4 + 3\,Pb$$

Lead metal undergoes more facile reaction with alkyl halides in the presence of a reactive metal or an organometallic compound to form R_4Pb. Here again the potential advantage lies in the prospect of utilizing the by-product lead metal from the $NaPb$-C_2H_5Cl reaction. Metals shown to be reactive are magnesium [73], lithium [75], and zinc [67]. Organometallic compounds reactive in this system are those of magnesium [74,149,152], lithium [75], and zinc [76,253], as well as cadmium [77] and sodium [287]. Of the organometallic reagents, lithium and magnesium have received the most interest; tetramethyllead, tetraethyllead and tetraphenyllead have been synthesized, according to the equation:

$$2\,RX + Pb + 2\,RLi\,(or\,2\,RMgX) \longrightarrow R_4Pb + 2\,LiX\,(or\,2\,MgX_2)$$

With magnesium *metal*, the stoichiometry is identical to that of the Mg_2Pb-RX reaction.

$$Pb + 2\,Mg + 4\,RX \longrightarrow R_4Pb + 2\,MgX_2$$

These reactions of lead metal and lead alloys with alkyl esters are conducted at elevated temperatures (usually above 80 °C) and at elevated pressure (autogenous pressure of RX), and in the presence of a suitable catalyst, such as ethers, amines, iodides, dependent on the particular system involved. Despite the large number of systems which have been investigated, none has been found to be as economical for the commercial production of tetramethyllead and tetraethyllead as the sodium-lead alloy reaction, with the possible exception of the electrolytic process developed by Nalco Chemical Company for tetramethyllead. Electrolytic processes are discussed in Section 6.

4.2. By Reaction of Lead Salts with Organometallic Compounds

The preferred synthesis of R_4Pb and R_6Pb_2 compounds on a laboratory scale involves the reaction of a lead(II)halide with a reactive organometallic compound, such as a Grignard reagent or an organolithium compound. The synthesis is postulated to proceed stepwise, according to the equations [196]:

$$PbX_2 + 2\,RM \longrightarrow R_2Pb + 2\,MX$$
$$3\,R_2Pb \longrightarrow R_6Pb_2 + Pb$$
$$2\,R_6Pb_2 \longrightarrow 3\,R_4Pb + Pb$$

In the cold (~ -10 °C) the reaction proceeds without precipitation of lead metal, which is consistent with the equation above. However, upon warming, formation of a black precipitate of finely divided lead metal occurs, and, if controlled, permits the formation and isolation of R_6Pb_2 as the major product. The conversion of R_6Pb_2 to R_4Pb can be effected at higher temperatures. As was stated in previous sections, R_2Pb compounds are too unstable to permit their isolation and characterization, but evidence for their formation as the initial intermediate in lead halide reactions is found in the formation of R_3PbM compounds, particularly R_3PbLi, when an excess of RM (or RLi) is used.

$$PbCl_2 + 2\,RM \longrightarrow R_2Pb \xrightarrow{\;RM\;} R_3PbM$$

Triphenylplumbyllithium, $(C_6H_5)_3PbLi$, was first prepared by Gilman's group by reaction of lead(II)halide and phenyllithium at about -10 °C [152]. If the R_3PbLi compound is prepared in this fashion and the resultant reaction mixture is treated with an organic halide, an unsymmetrical tetraorganolead compound of the type R_3PbR' can be formed.

$$R_3PbLi + R'X \longrightarrow R_3PbR' + LiX$$

Unsymmetrical R_3PbR' compounds can be similarly prepared from R_3PbNa [148] and R_3PbMgX compounds [155,158,323,329].

Where R is methyl, ethyl or phenyl, the reaction of PbX_2 and RMgX or RLi can be easily carried to the formation of R_4Pb as the major product. However, with increasing alkyl chain length and with substitution of the phenyl groups with bulky substituents, formation of R_4Pb becomes increasingly difficult, and R_6Pb_2 becomes the major, if not exclusive product [196]. In this event, the R_4Pb compound is usually prepared by treating the crude R_6Pb_2 reaction mixture with halogen at Dry Ice temperature to form R_3PbX (and/or R_2PbX_2) followed by addition of more RMgX or RLi to convert the R_3PbX to R_4Pb.

$$R_6Pb_2 + X_2 \longrightarrow 2\,R_3PbX$$

$$2\,R_3PbX + 2\,RM \longrightarrow 2\,R_4Pb + 2\,MX$$

Alternatively, the R_3PbX and R_2PbX_2 compounds can be treated with a different organolithium or Grignard reagent to prepare unsymmetrical tetraorganolead compounds of the types R_3PbR' and R_2PbR_2'.

In a few systems, R_3PbX derivatives are formed as the major products or co-products in reactions of lead(II)halides with Grignard reagents. Thus, Meals [222] obtained the R_3PbCl directly, where R was $C_{12}H_{25}$, $C_{14}H_{29}$, $C_{16}H_{33}$ and $C_{18}H_{37}$, and trineopentyllead chloride was obtained, in addition to hexaneopentyldilead, by reaction of lead(II) chloride with neopentylmagnesium chloride [298]. However, organolead halides are usually prepared by chlorination of an R_4Pb or R_6Pb_2 compound.

Willemsens and van der Kerk [323] and Williams [328] have demonstrated that R_4Pb compounds can be prepared without formation of R_6Pb_2 from PbX_2 and RMgX or RLi by first forming the R_3PbM derivative, followed by addition of an organic halide, RX. The reaction is conducted at reduced temperature to prevent decomposition of any R_2Pb formed initially. Tetra-n-butyllead [323] and tetramethyllead [328] have been prepared by this method, as well as several unsymmetrical R_3PbR' compounds, including methyltrivinyllead [158,329]. The stoichiometry is represented by the equations:

$$PbX_2 + 3\,RM \longrightarrow R_3PbM + 2\,MX$$

$$R_3PbM + RX \longrightarrow R_4Pb + MX$$

$$\text{or} \quad PbX_2 + 3\,RM + RX \longrightarrow R_4Pb + 3\,MX$$

An added advantage of this system is the elimination of by-product lead metal formation.

It is possible to eliminate by-product lead metal formation in the PbX_2-RM reaction without recourse to a low reaction temperature by simply conducting the reaction *in the presence of an organic halide,* preferably a bromide or iodide. This reaction was originally demonstrated by Gilman and coworkers [149,152] and is represented by the equations:

a) $\quad\quad 2\,PbX_2 + 4\,RM \longrightarrow R_4Pb + Pb + 4\,MX$

b) $\quad\quad Pb + 2\,RM + 2\,RX \longrightarrow R_4Pb + 2\,MX$

or c) $\quad 2\,PbX_2 + 6\,RM + 2\,RX \longrightarrow 2\,R_4Pb + 6\,MX$

Note that the stoichiometry is identical to that of the low temperature method, although the formation of an R_3PbM compound is probably not involved. The higher temperature reaction can be run with the RX present throughout, or step (a) can be conducted in the absence of RX and the formation of lead metal permitted. In the second step (b), RX and more RM are added to the crude reaction mixture and the finely divided lead metal is converted to R_4Pb. The methyl, ethyl and phenyl derivatives of R_4Pb have been prepared in this fashion.

Tetravalent lead salts may also be used in reactions with RLi and RMgX to form R_4Pb compounds. Their main attraction lies in the possible elimination of by-product lead metal formation, according to:

$$PbX_4 + 4\,RM \longrightarrow R_4Pb + 4\,MX$$

However, with *lead(IV)chloride* or alkali metal hexachloroplumbates, considerable lead metal is formed. This has been attributed to the instability of the organolead trihalide, $RPbX_3$, formed initially,

$$PbX_4 + RM \longrightarrow [RPbX_3] + MX$$
$$[RPbX_3] \longrightarrow PbX_2 + RX$$

so that the reaction ultimately becomes one involving the lead dihalide [139]. Better results are obtained with lead(IV)carboxylates. Frey and Cook [139] prepared tetraphenyllead from lead(IV)acetate without lead metal formation; Williams [328] has prepared tetraethyllead from lead-(IV)acetate without lead metal formation by use of a low reaction temperature because of the instability of the alkyllead tricarboxylate.

Organometallic reagents other than organolithium and Grignard compounds react with lead(II)- and lead(IV) salts to form R_4Pb compounds. *Triorganoaluminum compounds* are very reactive and have been investigated extensively [102,139,241,333]. The reaction of triethylaluminum and lead(II)acetate gives near quantitative yields of tetraethyllead. With alkylaluminum compounds now available commercially, the

$R_3Al-PbX_2$ system may represent the most convenient method of synthesis of certain tetraalkyllead compounds. Diethylzinc [61,138,241], sodium tetraethylboron [175], sodium tetraethylaluminum [241], and ethylsodium [241] have also been used to prepare tetraethyllead. Most of these organometallic reagents are reactive with lead salts other than the lead halides and lead carboxylates. Lead oxide, lead sulfide, and lead sulfate have been used to prepare tetraethyllead, although generally the yields were not as good as those obtained with lead halides or carboxylates [241].

The laboratory synthesis of R_4Pb and R_6Pb_2 compounds is usually conducted in an ether solvent at reflux temperature. Diethyl ether is the solvent most commonly used, although tetrahydrofuran has been used in several recent preparations and appears to offer advantages in the synthesis of certain R_4Pb compounds which are difficult to prepare because of the stability of the R_6Pb_2 compound [155,158,323,329]. As was mentioned previously, Willemsens and van der Kerk [323] have synthesized tetra-*n*-butyllead, free of hexa-*n*-butyldilead, from *n*-butyllithium-lead(II)chloride- and *n*-butyl bromide in tetrahydrofuran. Glockling and coworkers [155] have reported the only preparation of tetramesityllead by reaction of mesitylmagnesium bromide and lead(II)bromide in tetrahydrofuran; only hexamesityldilead is obtained in diethyl ether. Pyridine appears to possess solvent effects similar to those of tetrahydrofuran, but it has been tested only with phenyllead derivatives [323]. A major effect of these more basic solvents seems to be their ability to stabilize R_3PbM type intermediates in the PbX_2-RM reaction. Investigation of solvent effects in organolead syntheses from lead salts appears to be a fertile area for further research.

4.3. Other Methods of Synthesis

A discussion of all the methods by which R_4Pb and R_6Pb_2 compounds have been synthesized is beyond the scope of this work. The methods discussed above represent by far the most common and useful methods for the synthesis of most R_4Pb and R_6Pb_2 compounds, the reaction of a divalent lead salt with a Grignard reagent, organolithium or trialkylaluminum being the preferred method for the laboratory synthesis of most types of R_4Pb and R_6Pb_2 compounds. Alkyl, aryl, aralkyl, vinyl, alkenyl, cycloalkyl, thienyl, and furyl derivatives have been prepared *via* the lead salt reaction. Other types of organolead compounds, such as R_3PbX, R_2PbX_2 and R_3PbM are easily prepared from the R_4Pb and R_6Pb_2 derivatives; a limited number of R_3PbX and R_3PbM compounds are obtainable via the lead salt reaction. Methods of synthesis of these other organolead compounds are discussed in the following section in the discussion of Chemical Properties of Organolead Compounds.

255

Properties of some selected organolead compounds

A. Tetraorganolead (R_4Pb) compounds

Compound	B.P., °C	M.P., °C	N_D^{20}
Diethyldimethyllead	51^{13}	—	1.5177
Ethyltrimethyllead	$27-8^{11}$; $128-30^{751}$	—	1.5154; 1.5132
Methyltriethyllead	$70-70.5^{16}$	—	1.5183
Tetra-n-butyllead	$92^{0.0007}$	—	1.5119
Tetraethyllead	78^{10}; 82^{13}	—	
Tetramethyllead	108^{720}; 110^{760}	—	
Tetraphenyllead	—	223	
Tetravinyllead	$69-70^{11}$	—	1.5462; 1.5470

B. Hexaorganodilead (R_6Pb_2) compounds

Hexa-n-butyldilead	Yellow Oil	—
Hexaethyldilead	Yellow Oil, 100^2	—
Hexamethyldilead	—	38
Hexaphenyldilead	—	dec. 155—60

C. Organolead halides and carboxylates (R_3PbX and R_2PbX_2)

Dibutyllead diacetate	54; 103
Dibutyllead dibromide	—
Dibutyllead dichloride	dec. 180
Diethyllead diacetate	130; 200—1
Diethyllead dibromide	—
Diethyllead dichloride	—
Diethyllead diiodide	—
Dimethyllead diacetate (monohydrate)	170—2
Dimethyllead dibromide	unstable
Dimethyllead dichloride	—
Dimethyllead diiodide	unstable
Diphenyllead diacetate	195; 200—1; 201—10
Diphenyllead dibromide	—
Diphenyllead dichloride	dec. 284—6
Diphenyllead diiodide	101—3
Tributyllead acetate	86
Tributyllead bromide	30—4
Tributyllead chloride	106.5—8.5; 109—11
Triethyllead acetate	160; 159—63
Triethyllead bromide	103—4 (dec.); 105
Triethyllead chloride	dec. 120, 172; 165—7
Triethyllead iodide	19—20

(continued)

Compound	B.P., °C	M.P., °C	N_D^{20}
Trimethyllead acetate		183—4; 192—4	
Trimethyllead bromide		133 (dec.); 126—7	
Trimethyllead chloride		190 (dec.); subl. 187—95$^{0.01}$	
Trimethyllead iodide		—	
Triphenyllead acetate		204—6; 206—7	
Triphenyllead bromide		166	
Triphenyllead chloride		206; 210	
Triphenyllead iodide		138—9; 142	
Trivinyllead acetate		169—70	
Trivinyllead chloride		119—21	

5. Physical and Chemical Properties

Organolead derivatives follow the trends established by the organo-metallic analogs of the lighter Group IVb elements. The organolead compounds are the most reactive and least stable organometallic deriv-atives of these elements. An average value of 30.8 kcal has been esti-mated for the mean *dissociation energy* of the lead-carbon bonds in tetraethyllead (36.5 for tetramethyllead) [209]; this is comparable to average values of 46.2 kcal for tin-carbon and 56.7 kcal for germanium-carbon bonds in the tetraethylmetal analogs.

With few exceptions, organolead compounds are sufficiently stable to air, water and light to permit their safe handling without any unusual procedures. Because of *toxicity considerations*, however, organolead compounds should always be handled in well-ventilated hoods. (See Section 8).

5.1. Physical Properties

The physical properties of the various types of organolead compounds have not been investigated as systematically as those of the other metals. Most of the physical properties measurements have been devoted to the tetraorganolead compounds, although in the past few years some interest has been generated in the organolead halides and carboxylates. A detailed discussion of the physical properties is beyond the scope of this article. This subject has been reviewed recently by Shapiro and Frey [289].

Tetraalkyllead compounds tend to be clear, colorless liquids and are soluble in common organic solvents, such as hydrocarbons, chloroform and ether. The *tetraaryl derivatives* are beautifully crystalline solids; most are white or colorless, but the more highly substituted phenyllead compounds tend to be yellow in color. The tetraaryl derivatives tend to be soluble in chloroform, acetone and aromatic hydrocarbons, and insoluble in such solvents as ether, alcohol and aliphatic hydrocarbons.

Hexaorganodilead compounds tend to be yellow in color, especially in solution. Because of their color, it was originally postulated that these compounds were capable of dissociating into triorganolead free radicals, R_3Pb· (see Section 2). The hexaalkyl compounds tend to be yellow oils, although the hexaneopentyldilead is a pale yellow solid [298,338]. Hexaaryl derivatives are crystalline solids, generally soluble in the same types of solvents as are the tetraaryllead compounds. Similarly, the hexaalkyl compounds tend to be soluble in the same types of solvents as are the tetraalkyl derivatives.

Organolead salts of the types R_3PbX and R_2PbX_2, where X is the anion of a strong acid, such as halide or carboxylate, tend to be relatively high melting, crystalline solids. Derivatives of weak acids, such as dialkylamide, alkoxide, or diarylphosphine, tend to be lower melting and less stable. The aryl derivatives tend to be more crystalline, higher melting and more stable than their alkyl analogs. Salts of the lower alkyl derivatives of simple acids exhibit good solubility in water. With increasing alkyl chain length, solubility in organic solvents is increased. R_3PbX derivatives of inorganic acids tend to be more soluble in organic solvents than their R_2PbX_2 analogs. The nature of the anion X is an much a determinant of solubility characteristics as is the nature of the organic group. Generally, the organolead halides and carboxylates exhibit good solubility in many organic solvents; hence, they are very useful for the synthesis of other organolead salts via metathesis.

5.2. Chemical Properties

Generally, the tetraorganolead and hexaorganodilead compounds, such as the simple alkyl and aryl derivatives, are sufficiently stable to air, hydrolysis and heat to permit their handling without undue problems or precautions. On a commercial scale, tetramethyllead and tetraethyllead are purified by steam distillation. Tetraethyllead begins to decompose at slightly below 100 °C; at 100 °C, its rate of decomposition is about 2% per hour [69]. Tetramethyllead begins to decompose at about 265 °C [297], while tetraphenyllead decomposes at slightly above 250 °C [112,192]. Although tetramethyllead has been distilled at atmospheric pressure (b p ∼110 °C), *unexpected explosions* have occurred during its distillation at atmospheric pressure. Rapid, autocatalytic decomposition of tetra-n-butyllead has occurred at a temperature of about 100 °C during its vacuum distillation [323]. Because of the thermal stability characteristics of tetramethyllead and tetraethyllead, thermal stabilizers are employed to prevent their decomposition during manufacture. Aromatic hydrocarbons are very effective thermal stabilizers, as are many other types of compounds which react readily with free radicals.

The thermal decompositions of tetramethyllead [297], tetraethyllead [255] and tetraphenyllead [112,192] have been shown to proceed via a free radical mechanism, the initial step of which is represented by the equation:

$$R_4Pb \longrightarrow R_3Pb\cdot + R\cdot$$

The liquid phase pyrolysis of tetraethyllead has been investigated by Razuvaev and coworkers [255] with the aid of spectrophotometric techniques. Both hexaethyldilead and diethyllead were detected as intermediate decomposition products. The following reaction sequence was proposed to account for the formation of these lead compounds.

$$(C_2H_5)_4Pb \longrightarrow (C_2H_5)_3Pb\cdot + C_2H_5\cdot$$
$$(C_2H_5)_4Pb + (C_2H_5)_3Pb\cdot \longrightarrow (C_2H_5)_3PbPb(C_2H_5)_3 + C_2H_5\cdot$$
$$(C_2H_5)_3PbPb(C_2H_5)_3 \longrightarrow (C_2H_5)_2Pb + (C_2H_5)_4Pb$$
$$(C_2H_5)_2Pb \longrightarrow Pb + 2\,C_2H_5\cdot$$

Note that the sequence of formation of diethyllead and hexaethyldilead is the exact reverse of the sequence proposed by Krause and von Grosse [196] for the formation of R_4Pb through R_6Pb_2 from R_2Pb.

The best study of the *organic products of decomposition of tetraethyllead* is that conducted by Pratt and Purnell [251], who followed the vapor phase pyrolysis with the aid of gas chromatography techniques. In the initial phases, only ethane, ethylene, n-butane and hydrogen were detected, but a more complex mixture was obtained in the later stages. Some 17 chromatographic peaks were observed, corresponding to hydrocarbons in the C_1–C_6 range. Higher hydrocarbons may have also been formed, but they could not be detected with the equipment used.

Alkenyl and alkynyl R_4Pb and R_6Pb_2 compounds tend to be less stable thermally than alkyl analogs. Furthermore, they also exhibit poorer hydrolytic stability and stability to air. Thus, tetravinyllead is sensitive to water. The failure to successfully isolate tetraallyllead may be as much due to its hydrolytic and air instability as to its thermal instability. Alkyl and aryl derivatives which are substituted extensively with fluorine atoms also tend to be hydrolytically unstable, particularly when the fluorocarbon group is present as part of an unsymmetrical tetraorganolead compound of the type R_3PbR'. Tetrakis(pentafluorophenyl)lead, although remarkably unreactive to acids and halogens, is readily hydrolyzed by aqueous caustic [306]. Similarly, the pentafluorophenyllead compounds, $C_6F_5Pb(CH_3)_3$ and $C_6F_5Pb(C_2H_5)_3$, are hydrolyzed readily even by neutral water [135].

R_3PbX and R_2PbX_2 compounds are sufficiently stable to permit their purification and isolation. However, they undergo a slow decomposition even at room temperature, via a disproportionation reaction [24].

$$2\ R_3PbX \longrightarrow R_2PbX_2 + R_4Pb$$

$$2\ R_2PbX_2 \longrightarrow R_3PbX + [RPbX_3] \longrightarrow RX + PbX_2$$

The first reaction is reversible [24,78,134,220]; the second reaction is irreversible because of the instability of $RPbX_3$ compounds, except where R is aryl and X is carboxylate. Generally, the stronger the acid HX, the more stable are the R_3PbX and R_2PbX_2 salts of HX. Because of their relatively poor storage stability, R_3PbX and R_2PbX_2 compounds should be recrystallized before use, even after storage for relatively short periods.

All organolead compounds are *decomposed by ultraviolet light.* For this reason, they are best stored in the dark. The products of photolysis are usually identical to those obtained *via* pyrolysis.

Although tetraethyllead (as well as other tetraalkyl- and tetraaryllead compounds) is fairly unreactive to air, it does undergo slow oxidation with the ultimate formation of a solid sludge which has not been characterized. Because of this gradual oxidation, chemical *antioxidants* are added to the tetraorganolead compounds used as commercial antiknock agents, so that sludges will not form and clog up carburetor parts and fuel lines. The reaction of tetraethyllead with oxygen in the presence of ultraviolet light is postulated to involve the formation of a peroxide, $(C_2H_5)_3PbOOC_2H_5$, as the initial intermediate [5]. The major ultimate product was triethyllead ethoxide, along with triethyllead hydroxide and lead monoxide.

The R_6Pb_2 compounds generally tend to be very reactive with air. The oxidation of hexaethyldilead is proposed to involve an initial formation of a peroxide $(C_2H_5)_3PbOOPb(C_2H_5)_3$, which in turn reacts with more hexaethyldilead to form bis(triethyllead) oxide, which in turn decomposes into tetraethyllead and lead monoxide, as well as ethane and ethylene [3,4].

$$(C_2H_5)_6Pb_2 \xrightarrow{O_2} (C_2H_5)_3PbOOPb(C_2H_5)_3 \xrightarrow{(C_2H_5)_6Pb_2} 2\ [(C_2H_5)_3Pb]_2O$$

$$2\ [(C_2H_5)_3Pb]_2O \longrightarrow 2\ (C_2H_5)_4Pb + 2\ PbO + 2\ C_2H_6 + 2\ C_2H_4$$

Hexacyclohexyldilead is also oxidized by air, but apparently only in the presence of light; the products were dicyclohexyllead oxide, lead oxide, lead dioxide and dicyclohexyl ether [170].

Tetraorganolead and hexaorganodilead compounds also undergo facile reaction with a wide variety of both electrophilic and nucleophilic reagents. They undergo facile *halogenation*, even at Dry Ice temperature, to form the triorganolead halide and/or the diorganolead dihalide. At Dry Ice temperature, formation of R_3PbX occurs almost exclusively, except with hexaaryldilead compounds, which give PbX_2 as a major coproduct. At higher temperature, e.g. $\sim -10\ °C$, halogenation proceeds further to form the dihalide, R_2PbX_2, which can be converted under more stringent conditions to $RX + PbX_2$ (the decomposition products of $RPbX_3$). Halogenation is a very exothermic reaction and hence is best conducted only on a small scale and in the presence of a suitable solvent.

$$R_4Pb + X_2 \xrightarrow{-78\ °C} R_3PbX + RX$$

$$R_3PbX + X_2 \xrightarrow{-10\ °C} R_2PbX_2 + RX$$

$$R_2PbX_2 + X_2 \longrightarrow RPbX_3 \longrightarrow RX + PbX_2$$

Large quantities of organolead halides are best prepared by reaction of R_4Pb compounds with halogen acids. Facile reaction occurs with the anhydrous hydrogen halides to form R_3PbX or R_2PbX_2, dependent on the solvent and temperature used. R_4Pb compounds also undergo reaction with aqueous solutions of the hydrogen halides, but at slower rate than with the anhydrous acid; the reaction of tetraethyllead with aqueous HCl is an excellent method of preparation of triethyllead chloride [60].

Tetraorganolead compounds undergo facile reaction with *anhydrides* of inorganic acids, such as dinitrogen tetroxide and sulfur dioxide and trioxide, to form organolead salts. The reaction of tetraethyllead and tetrapropyllead with N_2O_4 at $0\ °C$ in diethyl ether has been reported [172] to give a compound having the composition $[(NO)_2R_4Pb]^{+2}\ (NO_3)_2^{-2}$; subsequent attempts to repeat this with tetraethyllead, however, gave only diethyllead dinitrate [250]. The reaction with N_2O_4 has been patented as a method of removing tetraethyllead from gasoline [265]. The reaction of tetraethyllead and other tetralkyllead compounds with SO_2 gives dialkyllead sulfites [169,176] or dialkyllead alkanesulfinates [143,176] depending on the conditions used. A small amount of triethyllead ethanesulfinate was isolated from the reaction of tetraethyllead and SO_2 at $0\ °C$ in diethyl ether. Reaction with SO_2 has been patented as a method of removing tetraethyllead from gasoline [283,311].

Tetramethyllead and tetraethyllead undergo facile reaction with sulfur trioxide to form *organolead alkanesulfonates* or *sulfates* [145,176,279]. Thus, Huber and Padberg [176] obtained bis(triethyllead)sulfate from the reaction of tetraethyllead with SO_3 in benzene at room temperature. v. Gelius and Müller [145] obtained trimethyllead methanesulfonate, dimethyllead bis(methanesulfonate) and diethyllead bis(ethanesulfonate) by the reaction of SO_3 with the respective R_4Pb compound in methylene dichloride; the trimethyllead derivative was obtained by using equimolar amounts of tetramethyllead and SO_3. The *alkyllead alkanesulfinates* from the R_4Pb-SO_2 reaction are oxidized by air to the alkanesulfonates [143].

Hexaorganodilead compounds also undergo reaction with *halogens* and *halogen acids* to form R_3PbX, R_2PbX_2 or PbX_2. Hexaalkyldilead compounds react with halogens at Dry Ice temperature to yield the trialkyllead halide in high yield [323]. Conversely, hexaaryldilead compounds tend to give a complex mixture of products [47,124,198,323]. Willemsens and van der Kerk [323,326] obtained their best yields of triphenyllead iodide by reaction of hexaphenyldilead with iodine in the presence of potassium iodide. They postulated that the KI converted the iodine to the nucleophilic I_3^-, so that the reaction involved a nucleophilic attack on the hexaphenyldilead. Similarly, hypochlorous acid reacted with hexaphenyldilead to form triphenyllead chloride in near quantitative yield [326].

On the basis of the products obtained by reaction of hexaphenyldilead with *hydrogen chloride*, Eméleus and Evans [124] proposed the following sequence:

$$R_6Pb_2 + 2\,HCl \longrightarrow 2\,RH + R_4Pb_2Cl_2 \longrightarrow R_4Pb + PbCl_2$$
$$R_4Pb + HCl \longrightarrow R_3PbCl + RH$$

This sequence would explain the formation of gross amounts of PbX_2 in many reactions of R_6Pb_2 compounds. However, a dissociation of R_6Pb_2 into $R_4Pb + R_2Pb$ has also been proposed to account for the products from many R_6Pb_2 reactions [47,198]; this latter theory has been rejected by Willemsens and van der Kerk [323].

Tetraorganolead and hexaorganodilead compounds also react with other halogenating agents to form R_3PbX, R_2PbX_2 or PbX_2, dependent on conditions used. Such agents include sulfuryl chloride [48], thionyl chloride [48,142], sulfur dichloride [48] and disulfur dichloride [48,212]. Reaction with sulfuryl chloride has been employed for *decontamination of work areas* after tetraethyllead spills. R_4Pb and R_6Pb_2 compounds also undergo facile reaction with various metal halides to form an organolead halide and an organometallic derivative of the other metal, or a lower valent halide of the metal halide or the elemental metal [46]. Reaction of tetraethyllead or tetramethyllead with *aluminum chloride* is very exothermic to form ethyl aluminum chlorides [60,147]; ferric chloride is reduced to ferrous chloride [147] and copper(II)chloride is reduced to copper(I)chloride [35]. The reaction of R_4Pb compounds with the trihalides of antimony, arsenic, bismuth, and phosphorus is an excellent method for the preparation of the $RMCl_2$ and R_2MCl derivatives of these elements [147,157,186,275]. The reaction of tetraethyllead with *mercury(II)chloride* is used for the commercial production of ethyl mercurials, which are used as fungicides (see Section 7).

Tetraorganolead and hexaorganodilead compounds also undergo reaction with *carboxylic acids* to form R_3PbX, R_2PbX_2, or PbX_2, dependent on conditions. With R_4Pb, the reaction is fairly clean and can be controlled to produce R_3PbX or R_2PbX_2 [60,157,167]. The reaction is catalyzed by silica gel [60]. Hexaaryldilead compounds tend to give a complex mixture of products upon reaction with carboxylic acids. Better yields of the triorganolead carboxylate are obtained if the R_6Pb_2 is reacted with an oxidizing agent prior to or during reaction with the acid. Hexaphenyldilead and hexabutyldilead are oxidized by potassium permanganate in acetone to form a bis(triorganolead) oxide, which in turn undergoes facile reaction with HCl or acetic acid to form the triorganolead chloride or acetate [323,326]. Ozone has also been used to oxidize hexaphenyldilead to bis(triphenyllead) oxide as an intermediate step in the formation of $(C_6H_5)_3PbX$ derivatives [326]. Tributyllead acetate has been prepared by reaction of hexabutyldilead with a mixture of hydrogen peroxide and acetic acid [323], the peroxide presumably oxidizing the R_6Pb_2 to $(R_3Pb)_2O$ or R_3PbOH. Organolead carboxylates have also been prepared by reaction of R_6Pb_2 compounds with percarboxylic acids [330]. The use of R_6Pb_2 for the synthesis of organolead halides and carboxylates is most advantageous for those organolead derivatives which tend to yield R_6Pb_2 exclusively in the PbX_2-$RMgX$ synthesis.

The R_4Pb and R_6Pb_2 compounds undergo facile reaction with *alkali metals* such as lithium, sodium and potassium to form an R_3PbM derivative. Reaction of R_4Pb with sodium, lithium and potassium has been accomplished in ammonia or ammonia-ether as solvent, according to the equation [148,173,174]:

$$R_4Pb + 2\,Na + NH_3 \longrightarrow R_3PbNa + NaNH_2 + RH$$

The reaction of hexaphenyldilead with lithium metal proceeds well under mild conditions in tetrahydrofuran to form triphenylplumbyllithium free of major impurities [305]. Triphenylplumbylsodium has been prepared similarly from hexaphenyldilead and sodium in tetrahydrofuran [323] and in ammonia [137]. Triphenylplumbyl derivatives of the other alkali and alkaline earth metals have also been prepared via the hexaphenyl-dilead-metal-ammonia system [150]. The triorganoplumbyl metal deriv-atives of the alkali metals are soluble in and stable to tetrahydrofuran and prove very useful for the laboratory synthesis of unsymmetrical tetraorganolead compounds of the type R_3PbR'.

Most other organolead compounds are usually best prepared by *metathesis-type reactions* from the corresponding organolead halide. Many different R_3PbX and R_2PbX_2 compounds have been prepared via metathesis reactions from the halides or by neutralization of the organo-lead hydroxide with the appropriate acid. Typical reactions are repre-sented by the following general equations (where X=halide, An=any anion other than halide).

$$R_3PbOH + HAn \longrightarrow R_3PbAn + H_2O$$

$$R_3PbX + MAn \longrightarrow R_3PbAn + MX$$

$$R_3PbX + Ag_2O \xrightarrow{H_2O} R_3PbOH \xrightarrow{HAn} R_3PbAn$$

$$R_3PbX + AgAn \longrightarrow R_3PbAn + AgX$$

$$R_3PbX + HAn \xrightarrow{R_3N} R_3PbAn + HX \cdot Amine$$

The best references on metathesis reactions of the above types are the papers of Gilman [151] and Saunders [168,169,220,272–274] and coworkers.

Metathesis reactions are usually carried out in polar solvents, such as alcohol, water, or mixed solvents. In many cases, proper choice of solvent is essential to getting good yields of a pure product. Equally important can be the choice of the halide used [123].

Organolead derivatives prepared in recent years by one or more of the above reactions are the azides [208], cyanides [123], fulminates [45], arsinates [171], sulfides [104], alkoxides [242], peroxides [263], amines [231], and phosphines, arsines, and stibines [280–281]. The alkoxide [105], hydride [231] and amine [231] derivatives of organolead undergo reaction with var-ious unsaturated organic compounds to form novel organolead com-pounds, many of which are not synthesizable by other methods.

6. Commercial Antiknock Agents

As indicated above, the largest commercial application of organolead compounds is as antiknock agents. The discovery of the antiknock effect by Midgeley and Boyd [223] led to the present worldwide business in antiknock compounds. Tetraethyllead was sold as early as 1923, but tetramethyllead was not introduced as a commercial antiknock agent until 1960. Mixed methyl-ethyllead compounds were then supplied shortly thereafter to petroleum companies by both Ethyl Corporation and E. I. duPont de Nemours and Company, Inc. Substantially all antiknock fluids sold today contain either methyl- or ethyllead compounds or both.

Many other organolead compounds exhibit antiknock properties. The critical factor preventing their use is their inability to compete economically with the methyl- and ethyllead compounds. Examples of other organolead antiknock agents patented in recent years are tetravinyllead [66,127], dichlorocyclopropyltriethyllead [291,292], trialkyllead selenides [256,257], bis(trimethyllead) sulfide [25,29], trimethyllead methylmercaptide [28], trialkyllead derivatives of thioglycolamides [27], trimethyllead methylthioglycolate [26], trialkyllead dialkyl phosphates [165,166], triethyllead iodide [193], trimethylphenyllead [258], and trimethyl-n-alkyllead compounds in which the alkyl group is C_3 to C_8 [92].

Organolead antiknock compounds can be enhanced synergistically in their effect by a variety of other types of compounds. One such material, methylcyclopentadienylmanganese tricarbonyl, is used commercially [58,59]. It is sold in admixture with tetraethyllead by the Ethyl Corporation; the trade name is Motor 33 Mix [10]. Some other organometallic supplementary compounds are other manganese compounds, nickel carbonyls and nitrosyls, [57,98,] iron pentacarbonyl, ferrocene [163, 164] and hexamethylbenzene molybdenum tricarbonyl. Many nonmetallic synergist compounds for organolead antiknock agents have been the object of intense study in recent years [160,232,261]. Many esters and fatty acids display the effect, but *tert*-butyl acetate is best known and most investigated. It is as yet not used commercially for economic reasons. Many non-synergistic antiknock improvers have been used experimentally with tetraethyllead; perhaps the most notable of these are ethyl alcohol and monomethylaniline.

6.1. Nature of Antiknock Action

The nature and mechanism of the antiknock effect is still little understood. Considerable effort has been devoted to a study of the mechanism since the time tetraethyllead first became a commercial antiknock agent but direct proof of the mechanism is still lacking. Very possibly, both homogeneous and heterogeneous mechanisms may be competing in antiknock systems. Reviews of the various theories that have been proposed to explain antiknock action have been made by Barusch and Macpherson [31], Lewis and von Elbe [206], Ross and Rifkin [267], Chamberlain, Hoare and Walsh [88], and Beatty and Edgar [44].

The reactions leading to knock are very rapid, and occur in a complex chemical system [156]. Thus, obtaining a more precise understanding in an engine requires the establishment of chemical and physical entities at concentrations as little as one part per quarter million and in a split millisecond of time. Better high-speed techniques would facilitate improved research in this field. Many investigations have been made in pressure vessels or shock tubes, but there is always a question regarding how closely such investigations relate to engine conditions. The kinetics and analysis of very fast chemical reactions were reviewed in 1965 by Norrish [234].

There is no longer much question that tetraalkyllead compounds tend to *decompose* in an engine environment, and no doubt that the compounds must decompose to be effective [266]. Many different lead compounds are eventually produced [144]. However, several investigators have shown that *lead monoxide* is the active antiknock agent. It is generally postulated that the action depends on inhibiting active oxygen atoms which, if not controlled, enhance a chain reaction mechanism leading to knock. There is evidence from the work of Norrish and coworkers that the lead oxide must be gaseous in nature [81,82,125,126,234]. This homogeneous concept is supported by the work of Egerton, who has indicated that effective antiknock methods are those that exist in a number of different oxidation states, and by the investigations of Agnew [1,122].

There is perhaps a greater weight of evidence that the effective antiknock agent is *a fog of solid lead oxide particles*. Downs et al [109] showed that an engine running with a lead antiknock shows much more scattering of light than one running without such an antiknock. This suggests that a fog of solid particles is formed from the organolead compound introduced into the engine. Wright [331] has indicated on a theoretical basis that particles of the dimensions ordinarily found in "motor" engine exhaust would indeed be formed in an engine, and Oosterhoff [237] had suggested previously that an antiknock agent to be effective must have such dimensions.

The extensive studies of Walsh and his collaborators point to this same conclusion regarding particulate lead monoxide, and Rifkin has discussed the fact that yellow lead monoxide particles varying in size between 15 and 500 Å do exist in an engine prior to knock, based on measurement of the exhaust of a "motored" engine [89,90,110,264]. This latter work suggests that particulate yellow lead monoxide inactivates intermediates such as hydroperoxides which would otherwise result in chain branching reactions and knock. Cartlidge and Tipper [85] and Gavrilov [141] arrived at very much the same conclusion. Combustion tests in glass vessels on hydrocarbons containing tetraethyllead showed that both orthorhombic and tetragonal polymorphs of lead oxide are obtained; the tetragonal form has the greater effect in destroying peroxides, decreasing the concentration of carbonyl compounds, etc. [268].

Similarly, motored engine tests led Graiff [159] to suggest that *three different forms of lead oxide* are produced. A red lead monoxide having a broad and diffuse diffraction pattern is the most active antiknock species, surpassing the ordinary high-temperature stable form of orthorhombic yellow lead oxide. He proposed a five-stage reaction mechanism whereby tetraethyllead is transformed through the yellow oxide to a β-pseudo-cubic form of variable lead-oxygen ratio, β-PbO$_n$, to the active red form, which resembles a tetragonal structure. In general, leaded aromatic fuels, which undergo little preflame reaction, gave only yellow lead oxide particles. Paraffinic fuels which undergo extensive preflame reaction yielded predominantly the β-oxide with a lead-oxygen ratio between 1.41 and 1.57. With increasing aromatic content of a mixed hydrocarbon fuel, the lead particulates gradually changed from the β form to the red monoxide, becoming almost entirely the red form at the hydrocarbon composition giving the peak lead response. When a manganese antiknock synergist was added to paraffinic fuel, the β form changed completely to the red form; however, in aromatic fuels where the supplemental additive was not effective, the composition of the particulates was unaffected. In aromatic fuels where oxygenated compounds act as lead appreciators, the yellow oxide was observed to shift to the red form. On the other hand, in paraffinic fuels where the oxygenated compounds are antagonistic to the antiknock action of organolead compounds, increased amounts of the β form were obtained.

Salooja [269] has indicated that *formaldehyde* is a promoter of lead monoxide effectiveness. He attributes the antiknock superiority of tetramethyllead over tetraethyllead to the greater formation of formaldehyde as well as its greater thermal stability.

Tetraethyllead has been used as an additive in investigating the flame speed and cool flame limits and intensity of fuels, both in engines and in various kinds of reaction chambers. A number of workers have shown that the addition of tetraethyllead results in a lowering of the flame speed; thus the accelerating flame and rapid rate of pressure rise associated with knock are reduced. Maynard et al, and Downs et al have shown that the cool flame intensity in an engine is markedly reduced by tetraethyllead, but that there is no effect on the cool flame limits [109,219]. Similar effects have been observed in bombs [332]. The antiknock effect is not caused by changes in the spontaneous ignition temperature of the fuel. Therefore, organolead compounds appear to exert their major antiknock effects in the reactions occurring during the passage of the cool flame and prior to the hot flame. The various chemical reactions and products have been examined systematically. Iron pentacarbonyl and some other antiknock agents differ from lead compounds in their effects, since they raise the cool flame limit, and thus must act on the reactions prior to the passage of the cool flame.

6.2 Extent of the Antiknock Effect

As indicated above, the antiknock effect is shown by many compounds. Outstanding among these are the organometallic compounds of many metals. Effective derivatives of many metals include alkyl compounds, aryls, carbonyls, nitrosyls, phosphines, cyclopentadienyls, and many mixed compounds. The aromatic amines are also good antiknock agents, but far less effective than the organometallic compounds. The reason why commercialization efforts were concentrated on tetraethyllead early in the history of antiknock investigations is evident from Table 1, which is a composite of early data [68,216].

Table 1. *Relative effectiveness of various compounds*

(Aniline = 1 On Mole Basis)	
Tetraethyllead	118
Tetraphenyllead	73
Iron pentacarbonyl	50
Nickel carbonyl	35
Diethyltelluride	27
Triethylbismuth	24
Diethylselenide	7
Stannic chloride	4.1
Tetraethyltin	4
Triphenylarsine	1.6
Xylidine	1.6
Diphenylamine	1.5
N-Methylaniline	1.4
Dimethylcadmium	1.2
Aniline	1.0
Ethanol	0.1

The addition of an organolead compound to motor gasolines raises octane numbers, but not uniformly. The incremental increase depends on the composition of the base stock fuel, the particular lead compound employed, the increasing amount of lead compound added, the method of testing, etc. As an extremely crude indication, it may be assumed that 2 ml of tetraethyllead per gallon will result in roughly 10 octane numbers appreciation in the fuel.

The only commercial competition for tetraethyllead as an antiknock agent is provided by tetramethyllead and mixed methyl and ethyl lead compounds. In 1960, Ethyl Corporation and E. I. DuPont de Nemours and Company inaugurated the manufacture of tetramethyllead in the U.S.A., and in the same year Mobil Oil Company and Standard of California began the marketing of gasoline containing tetramethyllead. Various mixed methylethyllead compounds and mixtures have been patented and have been supplied commercially since this period [65,113,129].

Tetramethyllead has a smaller antiknock effect than tetraethyllead in some gasolines, but it is particularly effective when large amounts of aromatic compunds are present [33,130,154]. Also, the increased volatility of tetramethyllead and mixed methylethyllead compounds is frequently helpful. Induction systems in automobile engines do not distribute the fuel evenly among the cylinders, and it was demonstrated several decades ago that antiknock volatility greater than that of tetraethyllead is beneficial in distributing the antiknock more closely with the fuel. By and large, the comparative effectiveness of tetramethyllead and methyl-containing mixtures increases with higher lead content, lower lead susceptibility, higher octane number, and lower sulfur content. In general, tetramethyllead and methyl-containing mixtures increase Motor method ratings more than Research method ratings, and they show their greatest measurable differential effect in low speed rating of automobiles on the road, where it is most significant economically [94,191,244,249,259,260,304]. Tetramethyllead has also become more important because of a desire to use more aromatics to reduce smog formation from automobiles. Thus, through the use of methyl-containing compounds a variety of antiknock agents has been made available that can be fitted to specific gasoline base stocks for maximum effectiveness.

6.3 Economic Aspects

Tetraethyllead is the highest value additive for gasoline, by far. Tetraalkyllead compounds rank so high in their production value, in fact, that they are surpassed only by a few organic chemicals, such as ethylene, polyethylene, synthetic rubber, and nylon. The total worldwide production of tetraalkyllead compounds is not known, but the U.S.A. production was approximately 694 MM lb in 1967 [16]. Forecasts of growth are not very reliable, since numerous forces are at work to determine the demand, such as public demand for small cars *versus* large cars, higher compression engines, premium gasolines, available gasoline base stocks, the price of lead metal, etc. Forecasts of annual growth for the near future have run from 1–3% in the U.S.A. [13,15]. The rate of growth in Western Europe,

F. W. Frey and H. Shapiro

the Middle East, and Japan, has recently been predicted to be 7, 8, and 10%, respectively. In Germany, motor gasoline sales during the period January to June, 1969, increased 9.6% from the same period of the preceding year [21].

Tetralkyllead compounds are produced in the U.S.A. by Ethyl Corporation, E. I. DuPont de Nemours and Company, Houston Chemical Company, and Nalco Chemical Company. Other plants are in production in Mexico, Canada, France, England, Italy, Greece, and a new AK Chemie GmbH plant is manufacturing in Germany at Biebesheim since 1966 [12,14]. The new plant has a capacity of 22 M tons per year. There are no plants as yet in Asia, South America, or Africa although Toyo Ethyl K. K. is now building a plant in Japan. Current total plant capacity in the U.S.A. is ample; it is at least 870 MM lb, split 390 Ethyl, 340 DuPont, 100 Houston, and 40 Nalco [15].

The price of tetraalkyllead compounds is quite dependent on the price of lead metal, the most expensive raw material component. Thus, prices of commercial antiknock fluids fluctuate from time to time. The price of tetramethyllead fluid is generally several cents per pound higher than that of tetraethyllead fluid, reflecting the higher cost of manufacture. Because of the higher price of tetramethyllead, comparatively little of it is used alone [16,290].

The increased compression ratio of the gasoline engine allowed by the use of high octane gasoline due to lead can result in dramatically increased horsepower or economy. For example, an increase in compression ratio from 8.0 to 10.3 can result in a fuel economy of several miles per gallon when the rear axle ratio is properly adjusted [120].

Table 2. *Gasoline quality*

Area Surveyed	Premium Grade		Regular Grade	
	RON	MON	RON	MON
Belgium (Antwerpen)	99.0	89.3	92.2	85.6
England (Manchester)	99.5	89.4	92.3	85.0
France (Marseille)	98.6	88.2	90.0	84.7
Germany (Cologne)	100.8	89.3	93.7	86.3
Germany (Hamburg)	100.3	89.6	93.5	86.4
Germany (Ingolstadt)	100.2	91.3	93.4	88.8
Germany (Karlsruhe)	99.9	89.8	93.0	86.9
Netherlands (Rotterdam)	98.5	90.4	91.5	86.4
Sweden (Stockholm)	99.5	93.1	95.5	89.8
Israel (Haifa)	—	—	91.2	84.4
U.S.A.	100.1	94.2	92.1	86.2
Canada	99.8	94.6	90.0	85.6

Tetraalkyllead antiknock fluids are used in over 97% of all motor fuel, at levels up to 4 ml per U.S. gallon. Thus, these antiknocks constitute an important method for petroleum refiners (along with improved refining processes) in increasing octane ratings. The lead content of gasoline usually falls within the range 2—3 g Pb/gal.

Surveys of gasoline quality in Europe and North America in Spring, 1969, show octane numbers by the "Research" and "Motor" test methods, as given in Table 2 [20].

6.4 Tetraethyllead

The initial large-scale production of tetraethyllead was based on the batchwise reaction of sodium-lead alloy with ethyl chloride. Although various details in this process have been changed over the years, the basic method remains the same for the manufacture of most of the tetraethyllead produced in the world today.

In 1957, DuPont introduced a variation by converting the process for tetraethyllead to a continuous one in their plant at Antioch, California. The details of this plant have never been revealed; the plant remains relatively small.

The principal reaction in this process is represented by the equation

$$4\,NaPb + 4\,C_2H_5Cl \longrightarrow (C_2H_5)_4Pb + 3\,Pb + 4\,NaCl$$

The reaction of NaPb (and other sodium-lead alloys) with ethyl chloride undoubtedly proceeds via a free radical sequence, in which the alloy reacts to form sodium chloride and ethyl radicals; ethane, ethylene, and butane are by-products formed by combination and disproportionation of the ethyl radicals. Shushunov and his colleagues [230,296] have carried out a detailed investigation of the kinetics of the NaPb-C_2H_5Cl reaction. The reaction sequence below was proposed for the ethylation reaction:

$$C_2H_5Cl_{(gas)} \longrightarrow C_2H_5Cl_{(adsorbed)}$$
$$NaPb + C_2H_5Cl_{(adsorbed)} \rightleftharpoons NaPb \cdot C_2H_5Cl$$
$$2\,NaPb \cdot C_2H_5Cl \longrightarrow (C_2H_5)_2Pb + 2\,NaCl + Pb$$
$$(C_2H_5)_2Pb + NaPb \cdot C_2H_5Cl \longrightarrow (C_2H_5)_3Pb + Pb + NaCl$$
$$(C_2H_5)_3Pb + NaPb \cdot C_2H_5Cl \longrightarrow (C_2H_5)_4Pb + Pb + NaCl$$

The formation of the intermediate compound $NaPb \cdot C_2H_5Cl$ was believed to be the rate determining step of the reaction sequence.

The manufacture of tetraethyllead presented many problems histori-
cally because there was no prior experience in the large-scale production
of any organometallic compounds. There have been innumerable patents
issued to protect various modifications of the basic process. The original
major contribution to the development of a commercially successful
alloy process for tetraethyllead was the demonstration by Kraus and
Callis [194,195] of the conditions required for the facile reaction of the
sodium-lead alloy with ethyl chloride. The development of the process
has been reviewed by several writers [120,121,277,289,290,310,315]. Additional important early patents on the process are those of Calcott and
Daudt [64,103].

The tetraethyllead-producing reaction is not as simple as it appears.
As indicated by the equation, 75% of the input lead values are theoreti-
cally converted back to elemental lead and must be recycled. In practice,
more of the lead is recycled. Although there has been considerable study
of the process to minimize the extent of side reactions, approximately
10% of the sodium in the alloy is consumed in Wurtz-type side reactions
to form hydrocarbons. Therefore, the yield of tetraethyllead based on the
sodium is in the range of 85—90%. However, the amount of hexaethyldilead produced in the reaction of ethyl chloride with monosodium-lead
alloys is ordinarily negligable.

The reaction of alkyl halides with sodium-lead alloy is quite sensitive
to many reaction factors. The monosodium-lead alloy reacts at a fast rate
only with ethyl chloride. The presence of other ethyl halides or methyl
halides in the ethyl chloride inhibits the reaction severely, and the presence of as little as 0.0025% acetylene in the ethyl chloride retards the
reaction strongly [284].

The $NaPb-C_2H_5Cl$ reaction is characterized by an induction period.
This induction period can be shortened by the use of various reaction
accelerators, such as acetone and other ketones, esters, aldehydes, acid
anhydrides, ketals, amides, phosphates, and metal alkoxides [34,50,51,95,
96,246,284]. The induction period can also be shortened by the substitution of a small amount of potassium for the sodium in the alloy (on
an atom basis); such potassium substitution also increases the yield and
minimizes Wurtz-type reactions [49,288,289,320].

The alloy-ethyl chloride reaction rate is quite sensitive to alloy
composition, the most reactive alloy being the composition NaPb. The
alloy becomes less reactive as the composition is raised in sodium, until
reaction almost ceases at the composition Na_5Pb_2. With such higher
sodium alloys, reaction can be obtained with ethyl bromide or iodide,
especially in the presence of amine or hydroxyl compounds [289]. With the
compound composition Na_9Pb_4 catalysts such as ketones, esters, or
aldehydes allow good reaction with ethyl chloride.

The NaPb-C_2H_5Cl reaction rate is also considerably affected by the crystal size, structure, and surface area of the alloy. There are quite a few patents on special methods of preparing the alloy to achieve good reactivity [213,217,286,289,307].

The process for manufacturing tetraethyllead is illustrated in Fig. 1.

In the first step of *manufacture of tetraethyllead*, sodium-lead alloy is prepared by combining metallic sodium with molten lead in a ratio of 10 parts to 90 parts by weight. This ratio is one to one on an atom basis, and the resulting intermetallic compound NaPb is analyzed, cast, and broken up. Under a nitrogen atmosphere it is then loaded into hoppers holding a single autoclave charge.

The alloy is dumped into horizontal tetraethyllead autoclaves made of mild steel. The agitators are unusually heavy and of a plow-type design because the reaction mixture is difficult to stir. The ethyl chloride is fed from weigh tanks over a period of several hours. The temperature of the reaction mass is held at 70—75 °C by means of jacket cooling and vaporization of ethyl chloride to condensers. After the feed of ethyl chloride is finished, the mass is given an additional 30—60 min cook period at reaction temperature. As the reaction proceeds, the by-product gases are vented off. In conclusion, the autoclaves are vented and the mass is discharged into steam stills containing water.

Steam is passed through the stills for about two hours; during this period the mass is agitated. Thus the residual dissolved ethyl chloride is removed, followed by steam distillation of the tetraethyllead. Materials such as sodium thiosulfate, soap and ferric chloride are usually added during the distillation. These act as antiagglomerants, keeping lead from depositing as balls, sheets, or rings, and interfering with the distillation of tetraethyllead and the removal of sludge residues.

The crude tetraethyllead product is *purified* by air blowing or washing with a dilute aqueous solution of an oxidizing agent, such as hydrogen peroxide or sodium dichromate. This treatment removes organometallic impurities such as triethylbismuth obtained on ethylation of the bismuth impurity in the reactant lead metal. Reactive sludges may result if these organometallic impurities are not thus removed. After the purification step, the tetraethyllead is washed with water to give a relatively pure chemical. It is then ready for blending into finished antiknock fluid.

After being dropped into a sludge pit, the steam-still residue is washed with water to remove sodium chloride. The remaining lead metal sludge is then recycled by drying, smelting and sodium addition — to make NaPb alloy.

The tetraethyllead is added from a weigh tank to a blender, along with a specified quantity of scavenger halogen compounds. Whatever additives are desired, such as identifying dye color, antioxidant, surface

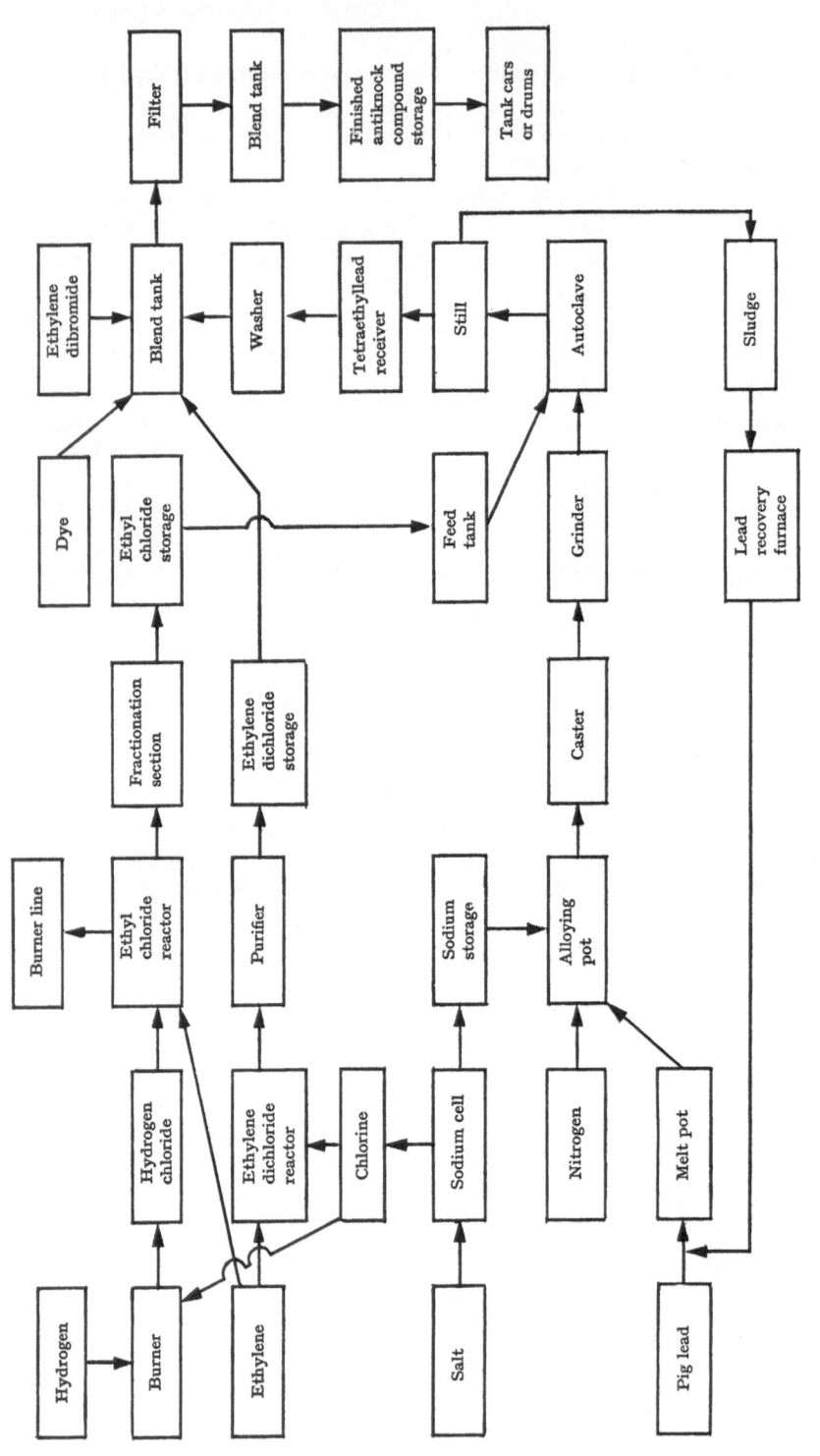

Fig. 1. Tetraethyllead manufacture flow sheet

ignition control compound, etc., are then added to give the finished anti-knock fluid. After analysis, the fluid is pumped through bag filters to a weigh tank for reweighing and sampling, and then into bulk storage tanks or directly into tank cars for shipment. The tank cars are of special design for safety.

As indicated above, few fundamental changes in the conventional tetraethyllead process have been suggested. One recent patent proposes anhydrous recovery of the product by vaporization with preheated inert gas, such as nitrogen or alkyl chloride [133]. This type of system is capable of recovering tetraethyllead in over 95% yield.

Of course, several totally new processes have been suggested for tetraethyllead, and especially, for tetramethyllead and methyl-containing mixtures. These processes are discussed under "General Methods of Synthesis" and "Tetramethyllead".

6.5. Tetramethyllead

As stated above, most tetramethyllead is manufactured by a batch process very similar to that for tetraethyllead. The essential difference in the two batch alloy processes is that the rate of the tetramethyllead reaction is extremely slow without a catalyst. In order to drive the methyl chloride reaction with monosodium-lead alloy, various catalysts can be used. The most common commercial catalysts are Lewis acids of the aluminum halide type and alkylaluminum compounds. Ethers have been shown to be helpful cocatalysts [189,312]. Using catalyst systems of this type and substantially the same procedure as for manufacturing tetra-ethyllead, yields are normally in the 85—90% range. Higher operating temperatures and pressures are customary with the addition of the more volatile methyl chloride instead of ethyl chloride, resulting in somewhat greater hazard. The safety of the procedure is ensured by adding a small amount of hydrocarbon diluent, such as toluene, during the methylation step, to reduce the vapor pressure of the methyl chloride and serve as a thermal stabilizer for the tetramethyllead [99,178]. The hydrocarbon additive is left in the tetramethyllead during subsequent storage, shipment, and use, providing thereby a further margin of safety.

Additional catalysts for the methyl chloride reaction are described in patents. For example, aluminum metal [271], ammonia-water and ammonia-alcohol [114,115], amines [37,116], aluminum hydrides [313], and various ethers [36,38—41,132,188,190] are discussed.

Nalco Chemical Company does not use the batch alloy process for tetramethyllead in their plant at Freeport, Texas. Instead, they developed an *electrolytic Grignard process* in 1963 [53,162,289,290]. Tetraethyllead is not manufactured. The tetramethyllead process is based on the use of lead metal as an anode, together with a solution of methylmagnesium chloride and excess methyl chloride. The following equation represents the overall electrolytic reaction:

$$Pb + 2\,CH_3MgCl + 2\,CH_3Cl \longrightarrow (CH_3)_4Pb + 2\,MgCl_2$$

The Nalco process is shown in Fig. 2.

The Nalco process is started with the manufacture of methylmagnesium chloride from methyl chloride and magnesium turnings in four agitator-equipped, 8000-gal. propane-cooled reactors. Mixed ethers, for example, diethylene glycol dibutyl ether and tetrahydrofuran, are used as solvents. The reactors are operated at 100 °F and 10—20 psig. When the reaction is completed, the Grignard solution is pumped to the steel electrolysis cells. The cells, ten in number and 800 gal. in size, are operated on approximately 24 V. direct current with the vessel walls as the cathode. Lead pellets constitute the anode body. They are made in a special pelletizing machine and fed from storage hoppers above the cell domes. The lead anodes are separated from the cell wall cathodes by fine mesh polypropylene membranes. The cells are operated at slightly elevated temperature, and are cooled by conventional refrigeration. When the electrolysis is completed, toluene is added, and the product tetramethyllead is separated from the solvent by fractional distillation. Overall yields of tetramethyllead are over 95%.

Several advantages accrue to this type of electrolytic process: higher yield, avoidance of recycle of the lead metal, and potential flexibility of product production in the electrolysis step. However, the process requires pelletization of the lead metal, it consumes magnesium instead of the less costly sodium in the conventional batch alloy process, and it requires very precise process control as compared with the batch alloy process.

A number of patents have been issued recently on the basic Nalco process and several non-commercial modifications [54—56,225—228,317].

Several other electrolytic systems have been proposed for manufacturing tetraalkyllead compounds, but are not being used commercially. Electrochemical syntheses have been reviewed by Shapiro and Frey [289], Lehmkuhl [204], Marlett [215], and to some extent, Fioshin and Tomilov [136].

The impressive electrolytic systems due to Ziegler and co-workers are perhaps most widely known. These are based on research dating back to 1955. There are several patents on the electrolysis of sodium fluoride-trialkylaluminum complexes with a lead anode [334], and the electrolysis of sodium or potassium tetraalkylaluminum [336], as in the following examples:

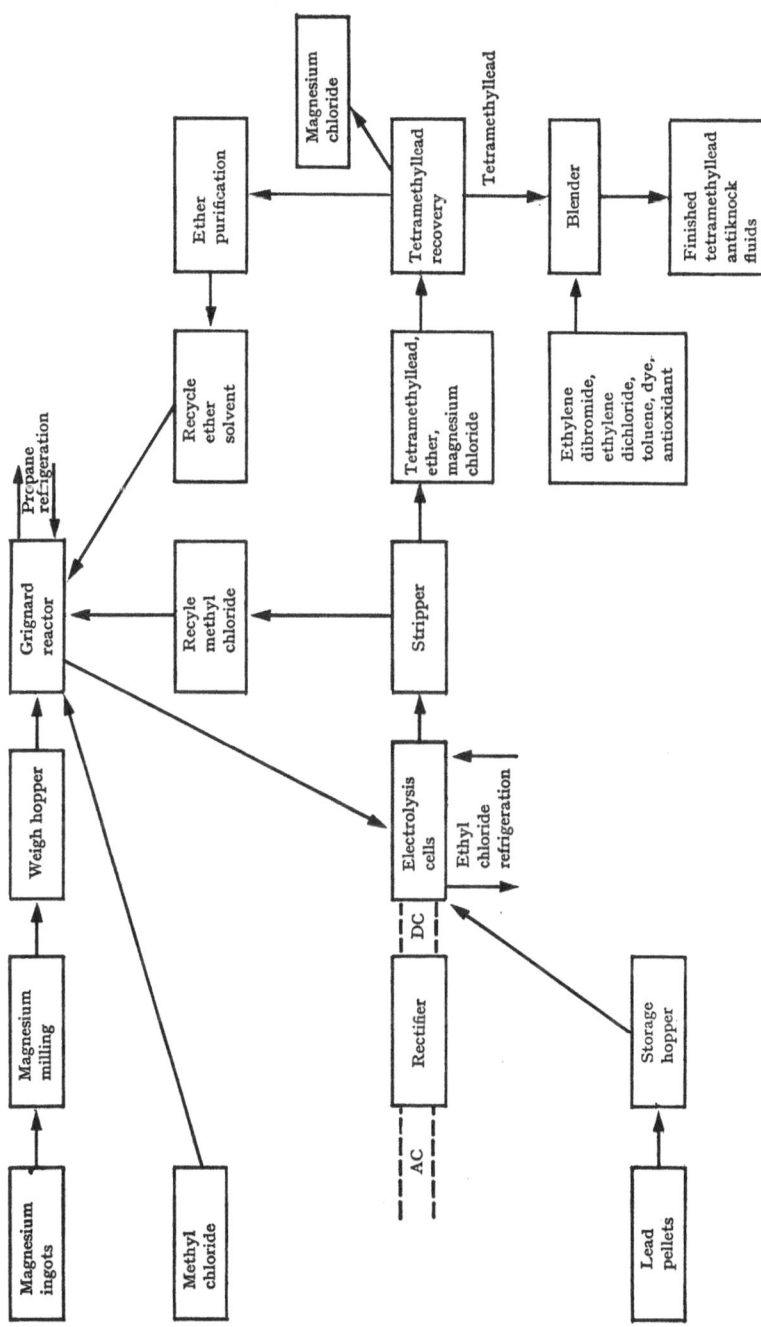

Fig. 2. Nalco process flowsheet for tetramethyllead

$$4 \text{ NaF} \cdot 2 \ (C_2H_5)_3Al + 3 \text{ Pb} \xrightarrow{\ e^-\ } 3 \ (C_2H_5)_4Pb + 4 \text{ NaF} \cdot (C_2H_5)_3Al + 4 \text{ Al}$$

$$4 \text{ NaAl}(C_2H_5)_4 + \text{Pb} \xrightarrow{\ e^-\ } (C_2H_5)_4Pb + 4 \ (C_2H_5)_3Al$$

Because of the high melting point of sodium tetramethylaluminum, a solvent must be used in the preparation of tetramethyllead.

The tetraethyllead in the second example may be separated from the triethylaluminum by the following reaction scheme [335]:

$$(C_2H_5)_3Al + \text{Na}(C_2H_5)_3AlOC_2H_5 \longrightarrow \text{NaAl}(C_2H_5)_4 + (C_2H_5)_2AlOC_2H_5$$

$$(C_2H_5)_2AlOC_2H_5 + \text{NaH} + C_2H_4 \longrightarrow \text{Na}(C_2H_5)_3AlOC_2H_5$$

In a further refinement, *sodium triethylaluminum alkoxide* has also been used as the electrolyte. The production of both tetramethyllead and tetraethyllead simultaneously in a dual cell system has also been demonstrated [205].

Other interesting electrolytic systems have been developed based on electrolysis of triethylsulfonium bromide in acetonitrile with a lead cathode [118,119], and electrolyses of aqueous solutions of sodium tetraalkylboron compounds [245,337]. Altogether, the breadth and depth of the research effort that has been devoted to the various electrolytic methods for the synthesis of tetraalkyllead compounds is remarkable. However, the successful development of a commercial process has not been accomplished, and indeed, it is probably less likely today than it was several years ago.

6.6. Mixed Tetraalkyllead Compounds

The mixed methyl-ethyl tetraalkyllead compounds have become quite important commercially in the past several years because of their excellent antiknock effects and volatilities (see Extent of Antiknock Effect). Sometimes tetramethyllead and tetraethyllead are simply mixed together in motor fuel, but usually the compounds are subjected to *"redistribution"* of the methyl and ethyl groups. The "redistribution reaction" involves the exchange of the organic groups between the compounds, yielding practically a random equilibrium production of all the possible products in a statistical distribution, as shown in the equation:

$$(CH_3)_4Pb + (C_2H_5)_4Pb \longrightarrow (CH_3)_4Pb + (CH_3)_3C_2H_5Pb +$$
$$(CH_3)_2(C_2H_5)_2Pb + CH_3(C_2H_5)_3Pb + (C_2H_5)_4Pb$$

Many such redistribution reactions are known between organometallic compounds; the discovery of this type of reaction is due to Calingaert et al [70,71]. Redistribution reactions involving lead and other Group IVb metals have been reviewed by Moedritzer[224], who calculated equilibrium constants for several of the reactions. The enthalpy change for reactions on the same metal is nearly zero, and the entropy of the system is then the principal driving force.

The redistribution reaction in lead compounds is straightforward and there are no appreciable side reactions. It is normally carried out commercially in the liquid phase at substantially room temperature. However, a catalyst is required to effect the reaction with lead compounds. A number of catalysts have been patented, but the exact procedure as practiced commercially has never been revealed. Among the effective catalysts are activated alumina and other activated metal oxides, triethyllead chloride, triethyllead iodide, phosphorus trichloride, arsenic trichloride, bismuth trichloride, iron(III)chloride, zirconium(IV)chloride, tin(IV)chloride, zinc chloride, zinc fluoride, mercury(II)chloride, boron trifluoride, aluminum chloride, aluminum bromide, dimethylaluminum chloride, and platinum(IV)chloride [43,70-72,79,80,97,117, 131,318]. A separate catalyst compound is not required for the exchange between R_4Pb and R_3PbX compounds; however, this type of "uncatalyzed" exchange is rather slow. Again, the products are practically a random mixture.

The commercially redistributed mixtures of R_4Pb compounds may be manufactured with any desired ratio of methyl to ethyl groups. Mixtures containing equal amounts of methyl and ethyl groups are quite common.

Recently, redistribution reactions between phenyllead compounds have been used to prepare triphenyllead chloride from tetraphenyllead and diphenyllead dichloride [202], and, using mercury acetate in acetic acid as a catalyst, phenyllead triacetate from diphenyllead diacetate and lead tetraacetate, and diphenyllead diacetate from tetraphenyllead and lead tetraacetate [325]. The mercury acetate catalyst is notable in that it does not catalyze the redistribution of alkyllead compounds.

7. Other Uses for Organolead Compounds

Outside of the antiknock field, the commercial applications of organolead compounds are relatively few and quite small. The largest of these applications is in the *manufacture of organomercury fungicides* by alkylation. This application is old and is relatively static. Other alkylations consume a little tetraalkyllead compound. A small amount of tetramethyllead has long been used to fill Geiger counters.

New uses for organolead compounds are now being developed, particularly because of the sponsorship of work in this field by the International Lead Zinc Research Organization, Inc. (ILZRO), 292 Madison Ave., New York, New York 10017. ILZRO sponsors research and development work at several institutions; the primary effort is in progress at the Organisch Chemisch Instituut T.N.O., at Utrecht, The Netherlands. The T.N.O. group distribute gratis samples of organolead compounds for testing by other interested researchers. During 1967 and 1968 several hundred samples of approximately 80 compounds were shipped to almost 100 individual applicants. The ILZRO policy is to license companies under its patents for the manufacture and sale of organolead compounds. Licensees to date include Schering AG, 4619 Bergkamen, Germany, Deutsche Advance Produktion G.m.b.H., 6140 Marienberg, Germany, Pure Chemicals Limited, Liverpool, England, Noury and van der Lande N. V., Deventer, The Netherlands, Cosan Chemical Corporation, Clifton, New Jersey, U.S.A., and Carlisle Chemical Works, Inc., Reading, Ohio, U.S.A. Negotiations with potential licensees are in progress in Canada and Japan. Pilot plant operations on triphenyllead acetate and tributyllead acetate have been carried out in several countries.

The potential new applications for organolead compounds have been reviewed recently by several authors [11,17,18,83,84,182,289,290,322]. The work of the Organisch Chemisch Instituut T.N.O. has been reviewed by van der Kerk [183].

7.1. Mercury Fungicides

The commercial production of mercury fungicides from organolead compounds is based on patents by Kharasch [184,185]. The mercury compounds are used in the disinfection of seeds and grains. Typical compounds are ethylmercuric chloride, ethylmercuric sulfate, ethylmercuric phosphate, phenylmercuric acetate, and compounds derived from substituted phenols and ureas. The manufacture of these compounds was reviewed by Whelen in 1957 [319]. The alkylation reaction is a general reaction, and a number of additional patents has been issued on methods similar to Whelen's. A representative equation is:

$$2 \text{ HgCl}_2 + (\text{C}_2\text{H}_5)_4\text{Pb} \longrightarrow 2 \text{ C}_2\text{H}_5\text{HgCl} + (\text{C}_2\text{H}_5)_2\text{PbCl}_2$$

The mercuric chloride is generally ball-milled with talc as an inert material, and then tetraethyllead is slowly added. Usually, the commercial product contains approximately 2% ethylmercuric chloride. The dilute product, as manufactured, is sold as a seed disinfectant. DuPont is the leading manufacturer.

7.2. New Applications

As indicated above, the new applications of organolead have been foster-
ed largely through the interest of ILZRO. The most promising new
applications are in the fields of *marine antifouling paints*, marine borer
repellants for wood, antiwear additives for lubricants, polyurethan foam
catalysts, and molluscicides for bilharzia control in tropical areas.

It has long been assumed that organolead compounds should some
day become important commercially because of their biological effects.
Recently, it has been shown that ship antifouling paints containing
triphenyllead acetate, in particular, are especially promising for this
application[107]. Coating formulations that are modifications of *U.S.
Navy standard ship paints* were exposed to sea water for over 40 months
in panels at Miami, Pearl Harbor, Sayville, and Daytona Beach, U.S.A.
Little fouling by either barnacles, algae, or slime has occured during
this period. A ship sailing in regular passenger service on the Southamp-
ton-Cape Town run, the Edinburgh Castle, was test-painted in November,
1967. It is now being drydocked for inspection. The U.S. Navy is conducting additional tests by using 200 gallons of paint for painting bottom
portions of two destroyers. The paint is a so-called 121 type; it is a high
rosin-PVC copolymer formula in which 50% of the copper oxide, or
7.2 lb/gal, was replaced by 2 lb/gal of triphenyllead acetate (ILZRO
Formula No. 1). Marine paints containing triphenyllead acetate are
being offered in the U.S.A. by Seaguard Finishes Co., Inc., Portsmouth,
Virginia 23704. The lead compound was supplied to Seaguard Finishes
Co., by Deutsche Advance Produktion G.m.b.H. and Pure Chemicals
Limited. This lead compound seems quite safe. In oral application, the
LD_{50} figure for rats was found to be 600 mg/kg. In subcutaneous application, the LD_{50} rate for rabbits was 1000 mg/kg. Paints formulated
with triphenyllead acetate were tested similarly; corresponding LD_{50}
figures were 15 g/kg and 7 g/kg [19].

A second biological effect of commercial potential has to do with
marine borer attack on wooden pilings in the sea. Borers such as *Limnoria
tripunctata*, a crustacean, and the teredine animal, *Bankia setacea*, are
capable of destroying marine timbers in as little as 5 to 10 years. (Fortunately, in most harbors pollution is so great as to somewhat inhibit
the growth of the borers.) The most promising lead compound for com-
batting these economic pests is tributyllead acetate. This compound is
superior to creosote. Walden, Allen, and Bohn of the British Columbia
Research Council, University of British Columbia, Canada, have confirmed and extended the early work of the T.N.O. group on tributyllead
acetate in 30 month immersion tests [316]. A combination of this compound with creosote was found to impart superior resistance to both

Limnoria and *teredine* attack. They are now testing tributyllead acetate impregnated in combination with creosote, in new pole tests at Vancouver, Canada, and Alameda, U.S.A. This study should determine the most economic level of lead use for commercial application. Dr. S. Radtke of ILZRO has estimated that the potential demand for lead in this application could reach 15,000 tons/year.

A third biological area of major commercial potential is in the *control of snails* of the *Australorbis glabratus* type. These snails are carriers for the debilitating tropical disease Bilharzia or Schistosomiasis, a urinary blood fluke which affects over 200 million people in Africa, South America, Asia, Japan, and the Philippine islands. Man is usually infected in swamps, rice paddies, irrigation ditches, and the like. The eggs of various Schistosoma species are passed out in human urine, causing tissue damage and blood loss. The egg hatches a swimming organism, which attacks the snail to develop larvae. The cercaria form of the Schistosoma then leaves the snail to attack a human, penetrating the skin and entering the blood stream. The cercaria matures and fertilized eggs are deposited in the veins of the bladder wall, thus completing the life cycle. Mr. John Duncan of the Tropical Products Institute of London, working in cooperation with ILZRO and the World Health Organization, has been testing triphenyllead acetate to kill the intermediate host snails. Both laboratory and field trials have been made, with the latter continuing in the tropics. The lead compound appears to be very effective. If further tests reveal no disadvantages, ILZRO has estimated that as much as 3000 tons of lead could be used for this purpose very quickly, with a total of 300,000 tons being required for a total worldwide drive on the disease.

Lubricant additives are another area of application of organolead compounds with commercial possibilities. Because of the well known lubricating properties of metallic lead, ILZRO sponsored tests of organolead compounds in a four-ball wear-testing machine at Ethyl Corporation. These tests have demonstrated that N-tributyllead imidazole and thioethyltriphenyllead have unusual anti-wear and anti-scuff characteristics under heavy load [42,243]. The imidazole compound has been formulated into a complete lubricant package containing detergent, antioxidant, corrosion inhibitor, and pour point depressant additives. A concentration of 1% of imidazole imparts outstanding properties to the finished lubricant. The lubricant formulation has been patented, and several companies have shown interest.

A search is now in progress for less expensive organolead additives that would allow penetration of the several-billion-gallon-per-year market for automotive engine lubricants. New areas of application are also being investigated, such as in outboard engines for boats, where it may be possible to reduce the amount of lubricant required, with benefits of reduced fuel consumption, increased power, less spark plug fouling, and prolonged engine life.

A quite different area of application is *in polyurethans*. Ordinarily, a tin compound, such as stannous dioctoate, is used commercially to catalyze the gelation reaction of a polyether alcohol and a diisocyanate to produce polyurethans. For producing flexible polyurethan foams, a second catalyst is added. This is usually a tertiary amine to promote formation of carbon dioxide gas as a blowing agent. Unless good balance is maintained between the two catalyst additions, the foams will shrink or collapse because of the difference in reaction rates. A single catalyst for both reactions is therefore very desirable. Overmars and Van der Want [182,238] of the T.N.O. group demonstrated that aryllead triacylate compounds, such as phenyllead triacetate, are very active catalysts. The results have been confirmed in other laboratories. Patent applications have been filed on compounds of the type RPbXYZ, where R is aryl, alkyl, aralkyl, or cycloalkyl, and X, Y, and Z are halogen atoms or groups bound to the lead by sulfur or oxygen linkages [229]. It is believed by ILZRO that the lead compounds offer both cost and convenience advantages. Commercial use is expected to begin shortly, but of course the catalyst market will never become large because of its nature.

Several other fields of application are under investigation under ILZRO auspices. *Cotton fabrics* exposed to damp climates develop mildew and deteriorate rapidly as a result of attack by microorganisms. Dr. D. J. Donaldson and co-workers of the U.S. Department of Agriculture Southern Regional Research Laboratory, New Orleans, Louisiana, have shown that compounds of the type of thioalkyltriphenyllead and triphenyllead thioalkylamides are capable of retaining 100% breaking strength in cotton samples buried in the soil for about six months [108]. Compounds of the same types are also being evaluated in the presence of *flame retardants* to meet the new requirements of the U.S.A. Flammable Fabrics Act. Patent applications were filed in several countries.

Improved *rodent repellants* are also an important commercial goal. Dr. M. C. Henry and co-workers at the U.S. Army Laboratories at Natick, Massachusetts, are synthesizing organolead sulfur compounds for test in rodent repellant coatings for electrical cable sheathing. Field tests will be conducted by the U.S. Fish and Wildlife Service of the Department of the Interior.

Tapeworms are an economically important problem to farmers raising sheep, cows, goats, and chickens. Among others, commonly used anthelmintics to combat these animal worms are lead arsenate, tin arsenate, and dibutyltin dilaurate. Recent work by the T.N.O. group has shown that 5 mg/kg of dibutyllead diacetate gave favorable results in experimentally infected chickens. Again, several patent applications have been filed in a number of countries.

Still other potential uses for organolead compounds on which investigations have been made in recent years are in the area of *organolead polymers*, *organolead stabilizers* for polyvinyl chloride, organolead *polymerization agents* for olefins, the plating of lead metal, and liquid scintillation counting.

8. Toxicology and Safety

Tetraethyllead, tetramethyllead, and many other tetraalkyllead compounds are highly toxic substances. Because of the widespread commercial use of the tetraalkyllead compounds in gasoline, the toxic action of organolead compounds was recognized early. A number of deaths occurred; these led to a careful investigation of the toxic action of tetraethyllead, and to stringent safety and hygiene programs for its safe handling and use. Much of the industrial hygiene control was developed by the producers of antiknock agents. No cases of tetraethyllead intoxication have occurred when the safety rules were followed carefully.

8.1. Commercial Practice

Leaded gasolines contain very small quantities of tetraalkyllead compounds, 4 ml/gal or less. Therefore, the standard handling and use of automobile fuels results in negligible exposure to lead compounds. Most hazard today relates to the cleaning of large tanks in which leaded gasoline has been stored, since these are sometimes entered [270,282]. To minimize exposure, gasolines should not be used for dry cleaning or other purposes for which they are not intended.

Considerable care is exercised in the manufacture of tetraethyllead and tetramethyllead to make certain that plant personnel are not endangered. Although tetramethyllead is more volatile than tetraethyllead, thorough investigation of the occupational exposure has shown that this compound can also be handled safely [180]. In the U.S., the American Conference of Governmental Industrial Hygienists has established 0.075 mg/m^3 of air as the threshold limit value for these tetraalkyllead compounds [9]. If the average concentration of vapor in the atmosphere does not exceed this limit during 8 h of exposure, no adverse effect of any sort in the workers can be noted. It has been stated by one authority [270] that a concentration as high as 1 mg/m^3 can be accepted for 1 h without risk. The manufacturing plants use high-capacity ventilation systems to bring in fresh air; this ensures that they remain below the threshold limit. Accidental spills are usually decontaminated with very dilute potassium permanganate solution, although other oxidizing agents, such as dilute bromine solution, can also be used. All decontaminants must be sufficiently diluted to avoid the danger of fire.

Workers in the manufacturing plants are given frequent examinations for the lead level of the urine and the blood. Protective respiratory equipment is used when appropriate. Relatively new rubber gloves are used to avoid spills on the skin. When a spill occurs inadvertently, the skin is immediately rinsed with kerosene or a light petroleum solvent. Soap and water are then employed to wash the affected area thoroughly. If workers in the plant have any excess absorption of lead through carelessness or accident, they are removed from further exposure. These careful safety practices have led to excellent health records in plants manufacturing both tetraethyllead and tetramethyllead [181].

In the laboratory, work with organolead compounds is carried out exclusively in fume hoods with excellent mechanical ventilation. Inhalation is thus prevented, together with dispersal of dust and contamination of the body. Spilling of tetraalkyllead compounds or solutions on the hands is avoided, as in the manufacturing plants, by the use of rubber gloves or special impervious gloves containing an impervious inner layer.

8.2. Symptomatology and Treatment

The organolead compounds differ considerably from the inorganic lead compounds in their toxicological effects and also vary considerably among themselves. Following mild exposure to commercial organolead compounds, the symptoms may consist of irritability, sleeplessness, headache, fatigue, and possibly also nausea, vomiting, and anorexia. Very severe exposure may result within several hours in convulsions, hallucinations, and coma. In very severe intoxication, recovery usually occurs without residua or sequellae, but the mortality rate may approach 50%.

In organolead intoxication, there is elevation of the lead content of the urine, but little or no elevation of the lead in the blood, and no anemia, change in the morphology of the red blood cells, or change in urinary porphyrins. On the other hand, both urinary and blood lead concentrations are elevated above normal in inorganic lead intoxication. There is also stippling of the red blood cells, considerable increase in the urinary porphyrins, and, frequently, a degree of anemia. With this type of clinical picture, diagnosis of lead intoxication is generally not difficult.

There is no known antidote for tetraalkyllead intoxication. Therefore, even in serious cases treatment is usually confined to intensive supportive care and adequate sedation. Although chelating agents are useful in inorganic lead intoxication, they have not been shown conclusively to be of any aid in intoxication due to tetraalkyllead compounds. It has been speculated that to be effective a therapeutic compound would be required to combine with trialkyllead compounds and thus increase their elimination from the body [101].

8.3. Mechanism of Toxicity

The mechanism of intoxication by organolead compounds is still not understood completely, although toxic action by many individual compounds has been reported. Generalization is not allowed by the scanty literature, except for tetraethyllead, tetramethyllead, and the related tri- and dialkyllead salts [86,87,100,101,106,146,214,235,276,278,302, 303]. The toxicology of these compounds has been reviewed recently [30,289,290,327].

The studies to date have suggested the conclusion that trialkyllead ions are the ultimate toxic agents. These ions may result from the *in vivo* cleavage of one alkyl group from a tetraalkyllead compound, R_4Pb. Experience has shown that trialkyllead salts, R_3PbX, are much more active physiologically than other types of organolead compounds. Thus, the properties of the underlying lead atom and of the starting compound are less important than the properties of the *in vivo*-produced organolead ion.

Administration of either tetraethyllead or triethyllead salts in animals has demonstrated that trialkyllead compounds are produced in similar pattern and quantity, with similar symptomatology. Diethyllead salts give obviously different effects. They are not toxic to rats at doses as high as 40 mg/kg [100]. In contrast, trimethyllead chloride shows an LD_{50} toxicity at 25 mg/kg. Rats given tetraethyllead intravenously converted 40—70% of the dose to triethyllead cation in 24 h, with the remainder of the dose present as inorganic lead [52]. The triethyllead cation is produced by liver tissue, as demonstrated in other investigations [100,303]. Other *in vitro* findings suggest that triethylead cations inhibit oxidative phosphorylation and also glucose oxidation of brain slices, but not of kidney or liver slices, and that they inhibit human serum acetylcholinesterase [91,140]. These effects are not exhibited by inorganic lead or tetraethyllead [2,101]. These investigations suggest that triethyllead ions may have a relatively selective toxic effect on the nervous system.

Trialkyllead salts also have strong sternutatory properties. This provides a further reason to avoid their inhalation.

8.4. Air Pollution

In recent years, more attention is being given to air pollution. In this respect, questions have been raised regarding antiknock agents as a danger to public health. In the U. S., a "Survey of Lead in the Atmosphere of Three Urban Communities", was reported in 1965, as a result of cooperative university, governmental and industry work. The results were reassuring, since there seemed to be no health hazard due to lead in air. The primary source of tetraalkyllead compounds in the ambient air was shown to be the vaporization of unburned gasoline; the level was less than 10% as high as the level of inorganic lead, although the precision of the measurements did not permit a more definitive statement of the actual values.

A new survey designed to cover six city areas in the U.S. is now under way [187]. This will determine if the previous conclusions are still valid, and whether there have been any significant changes in lead levels in five years in either the atmosphere or people as a result of the present types of lead use. Lead levels in the marine atmosphere over the central Pacific Ocean have recently been studied for comparison with the land atmosphere [92].

9. References

[1] Agnew, W. G.: Combust. Flame 4, 29 (1960).
[2] Aldridge, W. N., Cremer, J. E., Threfall, C. J.: Biochem. Pharmacol. 11, 835 (1962).
[3] Aleksandrov, Yu. A., Brilkina, T. G., Shushunov, V. A.: Dokl. Akad. Nauk SSSR 136, 89 (1961); through C. A. 55, 27027 (1961).
[4] Aleksandrov, Yu. A., Brilkina, T. G., Shushunov, V. A.: Tr. po Khim. i Khim. Tekhnol. 4, 3 (1961); through C. A. 56, 492 (1962).
[5] — Radbil, B. A., Shushunov, V. A.: Zh. Obshch. Khim. 37, 208 (1968), through C. A. 66, 104991 (1967).
[6] Allred, A. L., Rochow, E. G.: J. Inorg. Nucl. Chem. 5, 269 (1958).
[7] — — J. Inorg. Nucl. Chem. 20, 167 (1961).
[8] Amberger, E., Hönigschmid-Grossich, R.: Chem. Ber. 98, 3795 (1965).
[9] Amer. Conf. Governmental Ind. Hygienists; Threshold Limit Values for 1966 (1966).
[10] Anonymous: Oil Gas J. 57, 195 (1959).
[11] Anonymous: Organolead Job Hunt. Chem. Week, Oct. 24, 1964, p. 95.
[12] Anonymous: Chem. Age, November 26, 1966, p. 977.
[13] Anonymous: Ethyl Corporation forecast, 1966.
[14] Anonymous: Nachr. Chem. Techn. 15, (3), 45 (1967).
[15] Anonymous: Chemical Profile, Lead Alkyls. Oil, Paint, and Drug Reporter, December 18, 1967, p. 9.
[16] Anonymous: Stanford Research Institute Chemical Economics Newsletter, November, 1968, p. 7.

17) Anonymous: ILZRO Research Digest No. 22, Part V, Lead Chemistry, Autumn, 1968, Intern. Lead Zinc Res. Organ., New York, New York.

18) Anonymous: "Roundup" page, "Organolead Compounds: Big Market Tomorrow?", Metals Week *39*, Oct. 21, 1968.

19) Anonymous: Am. Paint J., August 18, 1969, p. 100.

20) Anonymous: Petroleum Refining Development. Ethyl Corporation, July, 1969, p. 150.

21) Anonymous: Petroleum Refining Development. Ethyl Corporation, Sept. 1969, p. 150.

22) Apperson, L. D.: Iowa St. Coll. J. Sci. *16*, 7 (1941); C. A. *36*, 4476 (1942).

23) Associated Lead Manufacturers, Ltd., Lewis, F. B.: Brit. Pat. 854, 776, Nov. 23, 1969; through C. A. *55*, 11362 (1961).

24) Austin, P. R.: J. Am. Chem. Soc. *54*, 3287 (1932).

25) Ballinger, P.: U. S. Pat. 3,073,852 (to California Research Corp.), Jan. 15, 1963; C. A. *58*, 12599 (1963).

26) — U. S. Pat. 3,073,854 (to California Research Corp.), Jan. 15, 1963; C. A. *58*, 12599 (1963).

27) — U. S. Pat. 3,081,325 (to California Research Corp.) March 12, 1963; C. A. *59*, 6440 (1963).

28) — U. S. Pat. 3,116,127 (to California Research Corp.) Dec. 31, 1963; C. A. *60*, 6684 (1964).

29) — U. S. Pat. 3,143,399 (to California Research Corp.) Aug. 4, 1964; C. A. *61*, 10520 (1964).

30) Barnes, J. M., Magos, L.: Organometal. Chem. Rev. *3*, 137 (1968).

31) Barusch, M. R., Macpherson, J. H.: Engine Fuel Additives. In: Advances in Petroleum Chemistry and Refining, Vol. X, Chapt. 10; McKetta, J. J., Jr., Ed. New York: John Wiley and Sons, Inc. 1965.

32) — Richardson, W. L., Kautsky, G. J.: U. S. Pat. 3,342,571 (to Chevron Research Co.) September 19, 1967.

33) — — — Olson, D. R.: U. S. Pat. 3,316,071 (to Chevron Research Co.), April 25, 1967; C. A. *67*, 13586d (1967).

34) Baumgartner, W. E., Brace, N. O.: U. S. Pat. 2,917,527 (to E. I. DuPont de Nemours and Co.), Dec. 15, 1959; C. A. *54*, 6650 (1960).

35) Bawn, C. E. H., Whitby, F. J.: J. Chem. Soc. *1960*, 3926.

36) Beaird, F. M., Kobetz, P.: U. S. Pat. 3,188,333 (to Ethyl Corp.) June 8, 1965; C. A. *63*, 13316 (1965).

37) — — U. S. Pat. 3,188,334 (to Ethyl Corp.) June 8, 1965; C. A. *63*, 13316 (1965).

38) — — U. S. Pat. 3,226,408 (to Ethyl Corp.), Dec. 28, 1965; C. A. *64*, 9768 (1966).

39) — — U. S. Pat. 3,226, 409 (to Ethyl Corp.) Dec. 28, 1965; C. A. *64*, 9768 (1966).

40) — — U. S. Pat. 3,338,842 (to Ethyl Corp.), Aug. 19, 1967; C. A. *68*, 49773x (1968).

41) — — U. S. Pat. 3,391,086 (to Ethyl Corp.) July 2, 1968; C. A. *69*, 77505a (1968).

42) Beatty, H. A.: Chem. Ind. (London) *1968*, 733.

43) — Calingaert, G.: U. S. Pat. 2,270,108 (to Ethyl Corp.), Jan. 13, 1942; C. A. *36*, 3190 (1942).

44) — Edgar, G.: Theory of Knock in Internal Combustion Engines. In: The Science of Petroleum, Vol. IV, p. 2927; Dunstan, A. E., Ed. London: Oxford University Press 1938.

45) Beck, W., Schuierer, E.: Chem. Ber. *97*, 3517 (1964).

46) Belluco, U., Belluco, G.: Ric. Sci., Rend., Sez. *A 32*, 102 (1962); through C. A. *57*, 13786 (1962).

47) — Cattalini, L., Peloso, A., Tagliavini, G.: Ric. Sci., Rend., Sez. *A 2*, 269 (1962); through C. A. *59*, 1667 (1963).

48) — — — — Ric. Sci., Rend., Sez. *A 3*, 1107 (1963); through C. A. *61*, 677 (1964).

49) Benning, H. F., Sandy, C. A.: U. S. Pat. 3,239,548 (to E. I. DuPont de Nemours and Co.), March 8, 1966; C. A. *64*, 15926 (1966).

50) Biritz, L. F.: U. S. Pat. 3,057,898 (to Houston Chemical Corp.), Oct. 9, 1962; C. A. *58*, 5723 (1963).

51) — U. S. Pat. 3,108,127 (to Houston Chemical Corp.), Oct. 22, 1963; C. A. *60*, 3007 (1964).

52) Bolanowska, W.: Brit. J. Ind. Med. *25*, 203 (1968); C. A. *69*, 75271x (1968).

53) Bott, L. L.: Hydrocarbon Process, Petrol. Refiner *44*, (1), 115 (1965).

54) Braithwaite, D. G.: U. S. Pat. 3,312,605 (to Nalco Chemical Co.), April 4, 1967; C. A. *67*, 11589h (1967).

55) — Bott, L. L.: U. S. Pat. 3,359,291 (to Nalco Chemical Co.), Dec. 19, 1967; C. A. *68*, 95980k (1968).

56) — — U. S. Pat. 3,380,899 (to Nalco Chemical Co.), April 30, 1968; C. A. *69*, 15414m (1968).

57) Brown, J. E., DeWitt, E. G., Shapiro, H.: U. S. Pat. 3,086,034 (to Ethyl Corp.), April 16, 1963; C. A. *59*, 8701 (1963).

58) — Lovell, W. G.: Ind. Eng. Chem. *50*, 1547 (1958).

59) — Shapiro, H., DeWitt, E. G.: U. S. Pat. 2,818,417 (to Ethyl Corp.), Dec. 31, 1957; C. A. *52*, 9203 (1958).

60) Browne, O. H., Reid, E. E.: J. Am. Chem. Soc. *49*, 830 (1927).

61) Buckton, G. B.: Ber. *109*, 218 (1859).

62) Cahours, A.: Compt. Rend. *36*, 1001 (1853).

63) — Liebigs Ann. Chem. *62*, 257 (1861).

64) Calcott, W. S., Daudt, H. W.: U. S. Pat. 1,692,926 (to E. I. DuPont de Nemours and Co.), Nov. 27, 1928; C. A. *23*, 608 (1929).

65) California Research Corporation, Brit. Pat. 917,961, February 13, 1963, C. A. *59*, 1426 (1963).

66) California Research Corporation, Brit. Pat. 949,402, Feb. 12, 1964; C. A. *60*, 14311 (1964).

67) Calingaert, G.: Chem. Rev. *2*, 43 (1925).

68) — Antiknock Compounds. In: The Science of Petroleum, Vol. IV, p. 3024; Dunstan, A. E., Ed. London: Oxford University Press 1938.

69) — U. S. Pat. 2,660,596 (to Ethyl Corp.), November 24, 1953; C. A. *48*, 2085 (1954).

70) — Beatty, H. A.: J. Am. Chem. Soc. *61*, 2748 (1939).

71) — — The Redistribution Reaction. In: Organic Chemistry, An Advanced Treatise, Vol. II, 2nd edition, Chapt. 24, pp. 1806—20; Gilman, H., Ed. New York: John Wiley and Sons, Inc. 1943.

72) — — Soroos, H.: J. Am. Chem. Soc. *62*, 1099 (1940).

73) — Shapiro, H.: U. S. Pat. 2,535,190 (to Ethyl Corp.) Dec. 26, 1950; C. A. *45*, 3864 (1951).

74) — — U. S. Pat. 2,535,191—3, (to Ethyl Corp.) Dec. 26, 1950; C. A. *45*, 3865 (1951).

75) — — U. S. Pat. 2,558,207 (to Ethyl Corp.), June 26, 1951; C. A. *46*, 131 (1952).

76) — — U. S. Pat. 2,562,856 (to Ethyl Corp.) July 31, 1951; C. A. *46*, 1581 (1952).

77) — — U. S. Pat. 2,591,509 (to Ethyl Corp.), April 1, 1952, C. A. *46*, 11229 (1952).

78) — — Dykstra, F. J., Hess, L.: J. Am. Chem. Soc. *70*, 3902 (1948).

79) — Soroos, H.: J. Am. Chem. Soc. *61*, 2758 (1939).

80) — — Shapiro, H.: J. Am. Chem. Soc. *62*, 1104 (1940).

81) Callear, A. B., Norrish, R. G. W.: Nature *184*, 1794 (1959).
82) — — Proc. Roy. Soc. (London), *A 259*, 304 (1960); C. A. *55*, 14889 (1960).
83) Carr, D. S.: Chem. Ind. (London) *1967*, 1854.
84) — Paint Varn. Prod. *58*, 23 (1968); C. A. *68*, 70208b (1968).
85) Cartlidge, J., Tipper, C. F. H.: Combust· Flame *5*, 87 (1961).
86) Castellino, N., Colicchio, G., Grieco, B., Piccoli, P., Rossi, A.: Arch. Mal. Prof. *25*, 203 (1964).
87) Caujolle, D., Voisin, M. C.: Ann. Pharm. Franc. *24*, 17 (1966).
88) Chamberlain, G. H. N., Hoare, D. E., Walsh, A. D.: Discussions Faraday Soc. *1953*, 89.
89) — Walsh, A. D.: Proc. Roy. Soc. (London), *A 215*, 175 (1952).
90) Cheaney, D. E., Davis, D. A., Davis, A., Hoare, D. E., Protheroe, J., Walsh, A. D.: Symp. Intern. Combustion, 7th, London, *1958*, 183 (publ. 1959); C. A. *55*, 22769 (1961).
91) Chiesura, P., Brugnone, F., Terribile, P. M.: Med. Lav. *57*, 641 (1966); C. A. *67*, 1815q (1968).
92) Chow, T. J., Earl, J. L., Bennett, C. F.: Environ. Sci. Tech. *3*, 737 (1969).
93) Clark, M. G.: Rev. Ass. Fr. Tech. Petrole No. *183*, 67 (1967); through C. A. *67*, 118803a (1967).
94) Clark, R. J. H., Davies, A. G., Puddephatt, R. J.: Inorg. Chem. *8*, 457 (1969).
95) Clem, W. J., Plunkett, R. J.: U. S. Pat. 2,515,821 (to E. I. DuPont de Nemours and Co.), July 18, 1950; C. A. *44*, 9978 (1950).
96) — Podolsky, H.: U. S. Pat. 2,426,598 (to E. I. DuPont de Nemours and Co.), Sept. 2,1947; C. A. *42*, 203 (1948).
97) Closson, R. D.: U. S. Pat. 3,231,511 (to Ethyl Corp.), Jan. 25, 1966; C. A. *64*, 11251 (1966).
98) Coffield, T. H.: U. S. Pat. 3,200,212 (to Ethyl Corp.), Aug. 6, 1963; C. A. *60*, 549 (1964).
99) Cook, S. E., Sistrunk, T. O.: U. S. Pat. 3,049,558 (to Ethyl Corp.) Aug. 14, 1962; C. A. *57*, 16656 (1962).
100) Cremer, J. E.: Brit. J. Ind. Med. *16*, 191 (1959).
101) — Occupational Health Rev. *17*, 14 (1965).
102) Dahlig, W., Pasynkiewicz, S., Wazynski, K.: Przemysl Chem. *39*, 436 (1960); through C. A. *55*, 15335 (1961).
103) Daudt, H. W.; U. S. Pat. 1,749,567 (to E. I. DuPont de Nemours and Co.), March 4, 1930; C. A. *24*, 2138 (1930).
104) Davidson, W. E., Hills, K., Henry, M. C.: J. Organometal. Chem. (Amsterdam) *3*, 285 (1965).
105) Davies, A. E., Puddephatt, R. J.: J. Organometal. Chem. (Amsterdam) *5*, 590 (1966).
106) Davis, R. K., Horton, A. W., Larson, E. E., Stemmer, K. L.: Arch. Environ. Health *6*, 473 (1963).
107) Dick, R. J.: Lecture at First Intern. Conference on Organolead Chemistry, Natick, Massachusetts, May 2, 1967, sponsored by Intern. Lead Zinc Res. Organ., Inc., New York.
108) Donaldson, C. V.: Lecture at First Intern. Conference on Organolead Chemistry, Natick, Massachusetts, May 2, 1967, sponsored by Intern. Lead Zinc Res. Organ., Inc. New York.
109) Downs, D., Griffiths, S. T., Wheeler, R. W.: J. Inst. Petrol. *49*, 8 (1963).
110) — Walsh, A. D., Wheeler, R. W.: Trans. Roy. Soc. (London) *A 243*, 463 (1951).
111) Drenth, W., Willemsens, L. C., van der Kerk, G. J. M.: J. Organometal. Chem. (Amsterdam) *2*, 279 (1964).

112) Dull, M. F., Simons, J. H.: J. Am. Chem. Soc. *55*, 4328 (1933).
113) E. I. DuPont de Nemours and Company: Brit. Pat. 948,642, February 5, 1964; C. A. *60*, 14315 (1964).
114) E. I. DuPont de Nemours and Co.: Brit. Pat. 1,015,227, Dec. 31, 1965; C. A. *64*, 8240 (1966).
115) E. I. DuPont de Nemours and Co.: Fr. Pat. 1,406,132, July 16, 1965; C. A. *63*, 14904 (1965).
116) E. I. DuPont de Nemours and Co.: Fr. Pat. 1,480,011, May 5, 1967; C. A. *68*, 114743d (1968).
117) E. I. DuPont de Nemours and Co.: Ger. Pat. 1,168,430, April 23, 1964; C. A. *61*, 1893 (1964).
118) E. I. DuPont de Nemours and Co.: Ger. Pat. 1,246,734, Aug. 10, 1967; C. A. *67*, 87255s (1967).
119) E. I. DuPont de Nemours and Co.: Neth. Appl. 6,615,216, March 28, 1967; C. A. *67*, 373686w (1967).
120) Edgar, G.: Ind. Eng. Chem. *31*, 1439 (1939).
121) — J. Chem. Educ. *31*, 560 (1954).
122) Egerton, A. C.: Trans. Faraday Soc. *24*, 269 (1968).
123) Emeleus, H. J., Evans, P. R.: J. Chem. Soc. *1964*, 510.
124) — — J. Chem. Soc. *1964*, 511.
125) Erhard, K. H. L., Norrish, R. G. W.: Proc. Roy. Soc. (London) *A 234*, 178 (1956).
126) — — Proc. Roy. Soc. (London) *A 259*, 297 (1960).
127) Esso Research and Eng. Co.: Brit. Pat. 888,456, Jan. 31, 1962; C. A. *58*, 10026 (1963).
128) Ethyl Corporation Public Relations Dept., Draft of History of Ethyl Corporation, 1923—1948, July 1, 1951.
129) Ethyl Corporation: Brit. Pat. 928,275, June 12, 1963; C. A. *59*, 11168 (1963).
130) Ethyl Corporation: Brit. Pat. 961,407, June 24, 1964; C. A. *61*, 6842 (1964).
131) Ethyl Corporation: Fr. Pat. 1,362,696, June 5, 1964; C. A. *62*, 4052 (1965).
132) Ethyl Corporation: Fr. Pat. 1,372,724, Sept. 18, 1964; C. A. *62*, 586 (1965).
133) Ethyl Corporation: Fr. Pat. 1,441,315, June 3, 1966; C. A. *66*, 30784p (1967).
134) Evans, D. P.: J. Chem. Soc. *1938*, 1466.
135) Fenton, D. E., Massey, A. E.: J. Inorg. Nucl. Chem. *27*, 329 (1965).
136) Fioshin, M. Ya., Tomilov, A. P.: Usp. Elektrokhim. Org. Soedin., Akad. Nauk SSSR, Inst. Elektrokhim. *1966*, 256; C. A. *67*, 17116y (1967).
137) Foster, L. S., Dix, W. M., Gruntfest, I. J.: J. Am. Chem. Soc. *61*, 1685 (1939).
138) Frankland, E., Lawrence, A.: J. Chem. Soc. *35*, 244 (1879).
139) Frey, F. W., Cook, S. E.: J. Am. Chem. Soc. *82*, 530 (1960).
140) Galzigna, L., Corsi, G. C., Terribile, P. M.: Boll. Soc. Ital. Biol. Sper. *64*, 659 (1968); C. A. *69*, 58084w (1968).
141) Gavrilov, B. G.: Zh. Prikl. Khim. *41*, 1155 (1968); through C. A. *69*, 37613c (1968).
142) Gelius, R. von, Z. Anorg. Allgem. Chem. *334*, 72 (1964).
143) — Z. Anorg. Allgem. Chem. *349*, 22 (1967).
144) — Franke, W.: Brennstoff-Chem. *47*, 280 (1966); C. A. *66*, 12709p (1967).
145) — Müller, R.: Z. Anorg. Allgem. Chem. *351*, 42 (1967).
146) Gherardi, M., Salvi, G.: Folio Med. (Naples) *45*, 1254 (1962).
147) Gilman, H., Apperson, L. D.: J. Org. Chem. *4*, 162 (1939).
148) — Bindschadler, E. J.: J. Org. Chem. *18*, 1675 (1953).
149) — Jones, R. G.: J. Am. Chem. Soc. *72*, 1760 (1950).

150) — Leeper, R. W.: J. Org. Chem. *16*, 466 (1951).
151) — Spatz, S. M., Kolbezen, M. J.: J. Org. Chem. *18*, 1341 (1953).
152) — Summers, L., Leeper, R. W.: J. Org. Chem. *17*, 630 (1952).
153) Gittens, T. W., Mattison, E. L.: U. S. Pat. 2,763,673 (to E. I. DuPont de Nemours and Co.), Sept. 18, 1956; C. A. *51*, 4414 (1957).
154) Glatte, W., Jaskulla, N., Prietsch, W., Gelius, R., Preussner, K. R.: Chem. Tech. (Berlin) *19*, 294 (1967); C. A. *67*, 101626x (1967).
155) Glockling, F., Hooton, K., Kingston, D.: J. Chem. Soc. *1961*, 4405.
156) Gluckstein, M. E., Walcutt, C., Acles, R. R.: Soc. Automotive Engs., Preprint *201F* (1960); C. A. *54*, 25721 (1960).
157) Goddard, A. E., Ashley, J. N., Evans, R. B.: J. Chem. Soc. *121*, 978 (1922).
158) Gorsich, R. D., Robbins, R. O.: J. Organometal. Chem. (Amsterdam) *19*, 444 (1969).
159) Graiff, L. B.: S. A. E. J. *75*, 55 (1967); C. A. *67*, 10165w (1967).
160) Griffiths, S. T., Pigott, W. D.: Erdöl Kohle *17*, 997 (1964).
161) Grohn, H., Paudert, R.: Chem. Tech. (Berlin) *12*, 430 (1960).
162) Guccione, E.: Chem. Eng. *72*, June 21, 102 (1965).
163) Gursky, J., Vesely, V.: Ropa Uhlie *7*, 53 (1965); through C. A. *63*, 2816 (1965).
164) — — Freiberger Forschungsh. *340A*, 303 (1964); through C. A. *63*, 2816 (1965).
165) Hartle, R. J.: U. S. Pat. 3,055,748 (to Gulf Research and Dev. Co.), Sept. 25, 1962; C. A. *58*, 7776 (1963).
166) — U. S. Pat. 3,055,925 (to Gulf Research and Dev. Co.) Sept. 25, 1962; C. A. *59*, 1681 (1963).
167) Heap, R , Saunders, B. C.: J. Chem. Soc. *1949*, 2983.
168) — — Stacey, G. J.: J. Chem. Soc. *1949*, 2983.
169) — — — J. Chem. Soc. *1951*, 658.
170) Hein, F., Nebe, E., Reimann, W.: Z. Anorg. Allgem. Chem. *251*, 125 (1943).
171) Henry, M. C.: Inorg. Chem. *1*, 917 (1962).
172) Hetnarski, B., Urbanski, T.: Tetrahedron *19*, 1319 (1963).
173) Holliday, A. K., Pass, G.: J. Chem. Soc. *1958*, 3485.
174) — Pendlebury, R. E.: J. Chem. Soc. *1965*, 6659.
175) Honeycutt, J. B., Riddle, J. M.: J. Am. Chem. Soc. *82*, 3051 (1960).
176) Huber, F., Padberg, F. J.: Z. Anorg. Allgem. Chem. *351*, 1 (1967).
177) Janssen, M. J., Luijten, J. G. A., van der Kerk, G. J. M.: Rec. Trav. Chim. *82*, 90 (1963).
178) Jarvie, J. M. S., Schuler, M. J., Sterling, J. D., Jr.: U. S. Pat. 3,048,610 to (E. I. DuPont de Nemours and Co.), Aug. 7, 1962; C. A. *58*, 550 (1963).
179) Jensen, K. A., Clauson-Kaas, N.: Z. Anorg. Allgem. Chem. *250*, 277 (1943).
180) Kehoe, R. A.: Arch. Environ. Health *8*, 296 (1964).
181) — Arch. Environ. Health *8*, 378 (1964).
182) van der Kerk, G. J. M.: Ind. Eng. Chem. *58*, 29 (1966).
183) — First Intern. Conf. Organolead Chemistry, Natick, Massachusetts, May 2, 1967, sponsored by Intern. Lead Zinc Res. Organ., Inc., New York.
184) Kharasch, M. S.: U. S. Pat. 1,770,886 (to E. I. DuPont de Nemours and Co.), July 15, 1930; C. A. *25*, 5734 (1931).
185) — U. S. Pat. 1,987,685 (to E. I. DuPont de Nemours and Co.), Jan. 15, 1935; C. A. *29*, 1436 (1935).
186) — Jensen, E. V., Weinhouse, S.: J. Org. Chem. *14*, 429 (1949).
187) Kirby, G. F., Jr.: The Clean Air Commitment. Talk before New England Conference on Air Pollution, Colby College, Waterville. Maine, USA, Dec. 19, 1968.
188) Kobetz, P., Beaird, F. M.: U. S. Pat. 3,188,332 (to Ethyl Corp.), June 8, 1965; C. A. *63*, 13316 (1965).

189) — — U. S. Pat. 3,192,240 (to Ethyl Corp.), June 29, 1965.
190) — — U. S. Pat. 3,357,928 (to Ethyl Corp.), Dec. 12, 1967; C. A. *68*, 105365e (1968).
191) Korn, T. M., Moss, G.: Soc. Automotive Engs., Preprint *207D*, 1960; C. A. *57*, 8802 (1962).
192) Koton, M. M.: J. Am. Chem. Soc. *56*, 1118 (1934).
193) Koyama, K.: Japan. Pat. 8530, Sept. 24, 1958; through C. A. *54*, 6111 (1960).
194) Kraus, C. A., Callis, C. C.: U. S. Pat. 1,612,131 (to Standard Oil Dev. Co.), Dec. 28, 1926; C. A. *21*, 593 (1927).
195) — — U. S. Pat. 1,694,268 (to Standard Oil Dev. Co.), Dec. 4, 1928; C. A. *23*, 970 (1929).
196) Krause, E., von Grosse, A.: Die Chemie der metall-organischen Verbindungen, pp. 372—429. Berlin: Borntraeger 1937.
197) — Reissaus, G. G.: Ber. *55*, 888 (1922).
198) Krebs, A. W., Henry, M. C.: J. Org. Chem. *28*, 1911 (1963).
199) Krohn, I. T.: U. S. Pat. 2,727,053 (to Ethyl Corp.) Dec. 13, 1955; C. A. *50*, 10761 (1956).
200) — Shapiro, H.: U. S. Pat. 2,594,183 (to Ethyl Corp.) April 22, 1952; C. A. *47*, 145 (1953).
201) — — U. S. Pat. 2,594,225 (to Ethyl Corp.) April 22, 1952; C. A. *47*, 146 (1953).
202) Langer, H. G.: Tetrahedron Letters *1967*, (1), 43; C. A. *66*, 75455y (1967).
203) Leeper, R. W., Summers, L., Gilman, H.: Chem. Rev. *54*, 101 (1954).
204) Lehmkuhl, H.: Annals N. Y. Acad. Sci. *125*, 124 (1965).
205) — Schaefer, R., Ziegler, K.: Chem. Ingr. Tech. *36*, 612 (1964); C. A. *61*, 6637 (1964).
206) Lewis, B., von Elbe, G.: Combustion, Flames, and Explosions of Gases, 2nd Ed. New York: Academic Press 1961.
207) Lewis, G. L., Oesper, P. F., Smyth, C. P.: J. Am. Chem. Soc. *62*, 3243 (1960).
208) Lieber, E., Keane, F. M.: Chem. Ind. (London) *1961*, 747.
209) Long, L. H.: Pure Appl. Chem. *2*, 61 (1961).
210) Löwig, C.: Ann. Chem. *88*, 318 (1853).
211) — Chem. Zentr. *1852*, 575.
212) Lutz, H. D.: Z. Naturforsch. *20b*, 1011 (1965).
213) Madden, H. J.: U. S. Pat. 2,727,052 (to Ethyl Corp.), Dec. 13, 1955; C. A. *50*, 8709 (1956).
214) Magistretti, M., Zurlo, N., Scollo, F., Pacillo, D.: Med. Lavoro *54*, 486 (1963); through C. A. *60*, 9817 (1964).
215) Marlett, E. M.: Annals N. Y. Acad. Sci. *125*, 12 (1965).
216) Marshall, E. F., Wirth, R. A.: Annals N. Y. Acad. Sci. *125*, 198 (1965).
217) Mattson, G. W.: U. S. Pat. 2,744,126 (to Ethyl Corp.) May 1, 1956, C. A. *50*, 12801 (1956).
218) Matwiyoff, N. A., Drago, R. S.: Inorg. Chem. *3*, 337 (1964).
219) Maynard, J. B., Legate, C. E., Graiff, L. B.: Combust. Flame *11*, 155 (1967); C. A. *67*, 13502y (1967).
220) McCombie, H., Saunders, B. C.: Nature *159*, 491 (1947).
221) McDyer, T. W., Closson, R. D.: U. S. Pat. 2,571,987 (to Ethyl Corp.), Oct. 16, 1951; C. A. *46*, 3556 (1952).
222) Meals, R. N.: J. Org. Chem. *9*, 211 (1944).
223) Midgeley, T., Jr., Boyd, T. A.: Ind. Eng. Chem. *14*, 894 (1922).
224) Moedritzer, K.: Organometal. Chem. Rev. *1*, 179 (1966).
225) Nalco Chemical Co.: Belg. Pat. 671,840, March 4, 1966; C. A. *67*, 104626h (1967).
226) Nalco Chemical Co.: Belg. Pat. 671,841, March 4, 1966; C. A. *66*, 76157q (1967).

227) Nalco Chemical Co.: Brit. Pat. 1,071,322, June 7, 1967; C. A. *67*, 60403b (1967).

228) Nalco Chemical Co.: Ger. Pat. 1,231,700, Jan. 5,1967; C. A. *66*, 76155n (1967).

229) Nederlandse Centrale Organisatie voor Toegepast-Natuurwetenschappelijk Onderzoek., Neth. Appl. 299,409, Aug. 25, 1965; C. A. *64*, 6853 (1966).

230) Neiman, M. B., Shushunov, V. A.: Dokl. Akad. Nauk SSSR *60*, 1347 (1948); C. A. *45*, 425 (1951).

231) Neumann, W. P., Kühlein, K.: Tetrahedron Letters *1966*, 3419; *1966*, 3423.

232) Newman, S. R., Dille, K. L., Heisler, R. W., Fontaine, M. F.: S. A. E. J. *68*, 42 (1960).

233) Nickerson, S. P.: J. Chem. Educ. *31*, 560 (1954).

234) Norrish, R. G. W.: Science *149*, 1470 (1965).

235) Ohmori, K.: Japan J. Hygiene *20*, 340 (1965).

236) Okawara, R., Sato, H.: J. Inorg. Nucl. Chem. *16*, 204 (1961).

237) Oosterhoff, L. J.: Rec. Trav. Chim. *59*, 811 (1940).

238) Overmars, H. G. J., van der Want, G. M.: Chimia *19*, 126 (1965).

239) Peach, M. E., Waddington, T. C.: J. Chem. Soc. *1961*, 1238.

240) Pearsall, H W.: U. S. Pat. 2,414,058 (to Ethyl Corp.) Jan. 7, 1947; C. A. *41*, 2430 (1947).

241) Pearson, T. H., Blitzer, S. M., Carley, D. R., McKay, T. W., Ray, R. L., Sims, L. L., Zietz, J. R.: Advances in Chemistry Series, No. 23, p. 299. Washington, D. C.: Am. Chem. Soc. 1959.

242) Pedinelli, M., Magri, R., Randi, M.: Chem. Ind. (Milan) *48*, 144 (1966); through C. A. *64*, 12719 (1966).

243) Perilstein, W. L.: U. S. Pat. 3,287,265 (to Intern. Lead Zinc. Res Organ.) Nov. 22, 1966; C. A. *66*, 48102z (1967).

244) Perry, R. H., Jr., DiPerna, C. J., Heath, D. P.: Soc. Automotive Engs., Preprint, *207A*, 1960; C. A. *57*, 8802 (1960).

245) Pinkerton, R. C.: U. S. Pat. 3,028,325 (to Ethyl Corp.), April 3, 1962; C. A. *57*, 4471 (1962)

246) Plunkett, R. J.: U. S. Pat. 2,477,465 (to E. I. DuPont de Nemours and Co.), July 26, 1949; C. A. *43*, 8398 (1949).

247) Polis, A.: Chem. Ber. *20*, 716 (1887).

248) — Chem. Ber. *20*, 3331 (1887).

249) Postell, D. L., Morris, W. E.: Soc. Automotive Engs., Preprint *207C*, 1960; C. A. *57*, 8801 (1960).

250) Potts, D., Walker, A.: Can. J. Chem. *47*, 1621 (1969).

251) Pratt, G. L., Purnell, J. H.: Trans. Faraday Soc. *60*, 519 (1964).

252) Pritchard, H. O., Skinner, H. A.: Chem. Rev. *55*, 745 (1955).

253) Randaccio, C.: Ital. Pat. 500,102, Nov. 17, 1954; through C. A. *51*, 10560 (1957).

254) Razuvaev, G. A., Vyazankin, N. S., Dergunov, Yu. I., D'yachkovskaya, O. S.: Dokl. Akad. Nauk SSSR *132*, 364 (1960); C. A. *54*, 20937 (1960).

255) — — Vyshinskii, N. N.: Zh. Obshch. Khim. 29, 3662 (1959); C. A. *54*, 17015 (1960); and *30*, 967 (1960); C. A. *55*, 24546 (1961).

256) Richardson, W. L.: U. S. Pat. 3,010,980 (to California Research Corp.) Nov. 28, 1961; C. A. *56*, 11620 (1962).

257) — U. S. Pat. 3,116,126 (to California Research Corp.), Dec. 31, 1963; C. A. *60*, 6686 (1964).

258) — Barusch, M. R., Kautsky, G. J.: U. S. Pat. 3,356,472 (to Chevron Research Co.), Dec. 5, 1967; C. A. *68*, 51780r (1968).

259) — — — Steinke, R. E.: Ind. Eng. Chem. *53*, 305 (1961).

260) — — — — J. Chem. Eng. Data *6*, 305 (1961).

261) — — Stewart, W. T., Kautsky, G. J., Stone, R. K.: Ind. Eng. Chem. *53*, 306 (1961).
262) — Ryason, P. R., Kautsky, G. J., Barusch, M. R.: Symp. (Intern.) Combust. 9th, Ithaca, New York, *1962*, 1023 (pub. 1963); C. A. *59*, 13744 (1963).
263) Rieche, A., Dahlmann, J.: Monatsber. Deut. Akad. Wiss. Berlin *1*, 491 (1959); C. A. *55*, 18640 (1961).
264) Rifkin, E. B.: Preprint, 23rd American Petroleum Institute Div. Refg., Mid-Year Meeting, Los Angeles, 1958.
265) — Ewen, D. H.: U. S. Pat. 2,580,243 (to Ethyl Corp.), Dec. 25, 1951; C. A. *46*, 2790 (1952).
266) — Walcutt, C.: S. A. E. Trans. *65*, 552 (1957).
267) Ross, A., Rifkin, E. B.: Ind. Eng. Chem. *48*, 1528 (1956).
268) Salooja, K. C.: Combust. Flame *9*, 211 (1965).
269) — J. Inst. Petrol. *53*, 186 (1967); C. A. *67*, 45736u (1967).
270) Sanders, L. W.: Arch. Environ. Health *8*, 270 (1964).
271) Sandy, C. A.: U. S. Pat. 3,113,955 (to E. I. DuPont de Nemours and Co.), Dec. 10, 1963; C. A. *60*, 5550 (1964).
272) Saunders, B. C.: J. Chem. Soc. 1950, 684.
273) —Stacey, G. J.: J. Chem. Soc. 1948, 1773.
274) — — J. Chem. Soc. 1949, 919.
275) — Worthy, T. S.: J. Chem. Soc. 1953, 2115.
276) Scarinci, V.: Arch. Sci. Biol. (Bologna) *44*, 153 (1960); through C. A. *60*, 4679 (1964).
277) Schaefer, J. H.: Chem. Eng. *57*, 102, 164 (1950).
278) Schepers, G. W. H.: Arch. Environ. Health *8*, 277 (1964).
279) Schmidbaur, H., Sechser, L., Schmidt, M.: J. Organometal. Chem. (Amsterdam) *15*, 77 (1968).
280) Schumann, H., Roth, A., Stelzer, O., Schmidt, M.: Inorg. Nucl. Chem. Letters *2*, 311 (1966).
281) Schumann, H., Schmidt, M.: Inorg. Nucl. Chem. Letters *1*, 1 (1965).
282) Schwaneche, R.: Zentralbl. Arbeitsmed. Arbeitsschutz 1968, 18, 69; through C. A. *69*, 5009u (1968).
283) Shapiro, A., Olson, D. A.: U. S. Pat. 2,969,329 (to Socony Mobil Oil Co., Inc.), Jan. 24, 1961; C. A. *55*, 14898 (1961).
284) Shapiro, H.: Advances in Chemistry Series, No. 23, pp. 290—8. Washington, D. C.: American Chemical Society 1959.
285) — U. S. Pat. 2,535,235 (to Ethyl Corp.), Dec. 26, 1950; C. A. *45*, 3865 (1951).
286) — U. S. Pat. 2,597,754 (to Ethyl Corp.), May 20, 1952; C. A. *47*, 1183 (1953).
287) — DeWitt, E. G.: U. S. Pat. 2,575,323 (to Ethyl Corp.) Nov. 20, 1951; C. A. *46*, 5073 (1952).
288) — — U. S. Pat. 2,635,106 (to Ethyl Corp.), April 14, 1953; C. A. *48*, 2762 (1954).
289) — Frey, F. W.: The Organic Compounds of Lead, Interscience Publishers, a division of John Wiley & Sons, New York (1968).
290) — — Organolead Compounds. In: Encyclopedia of Chemical Technology, Vol. 12. New York: John Wiley and Sons, Inc. 1967.
291) — Hudson, R. L.: U. S. Pat., 3,382,265 (to Ethyl Corp.), May 7, 1968; C. A. *69*, 59374c (1968).
292) — — U. S. Pat. 3,393,216 (to Ethyl Corp.), July 16, 1968; C. A. *69*, 77501w (1968).
293) — Krohn, I. T.: U. S. Pat. 2,688,628 (to Ethyl Corp.), Sept. 7, 1954; C. A. *49*, 14797 (1955).
294) Sheline, R. K., Pitzer, K. S.: J. Chem. Phys. *18*, 595 (1950).

295) Shier, G. D. Drago, R. S.: J. Organometal. Chem. (Amsterdam) 5, 330 (1966).
296) Shushunov, V. A., Baryshnikov, Yu. N.: Zh. Fiz. Khim. SSSR 27, 830 (1953); C. A. 49, 2838 (1955).
297) Simons, J H., McNamee, R. W., Hurd, C. D.: J. Phys. Chem. 36, 939 (1932).
298) Singh, G.: J. Org. Chem. 31, 949 (1966).
299) Skinner, H. A., Sutton, L. E.: Trans. Faraday Soc. 36, 1209 (1940).
300) Smyth, C. P.: J. Org. Chem. 6, 421 (1941).
301) — J. Am. Chem. Soc. 63, 57 (1941).
302) Springman, F., Bingham, E., Stemmer, K. L.: Arch. Environ. Health 6, 469 (1963).
303) Stevens, C. D., Feldhake, C. J., Kehoe, R. A.: J. Pharmacol. and Exptl. Therap. 128, 90 (1960).
304) Stormont, D. H.: Oil Gas J. 60, 189 (1962).
305) Tamborski, C., Ford, F. E., Lehn, W. L., Moore, G. J., Soloski, E. J.: J. Org. Chem. 27, 619 (1962).
306) — Soloski, E. J., Dec, S. M.: J. Organometal. Chem. (Amsterdam) 4, 446 (1965)
307) Tanner, H.: U. S. Pat. 2,635,107 (to Ethyl Corp.), April 14, 1953; C. A. 48, 2762 (1954).
308) Thomas, A. B., Rochow, E. G.: J. Am. Chem. Soc. 79, 1843 (1957).
309) — — J. Inorg. Nucl. Chem. 4, 205 (1957).
310) Thornton, D. P., Jr.: Petrol. Processing 7, 846 (1952).
311) Toms, F. H., Mony, C. P.: Analyst 53, 328 (1928); through C. A. 22, 3040 (1928).
312) Tullio, V.: U. S. Pat. 3,072,694 (to E. I. DuPont de Nemours and Co.), Jan. 8, 1963; C. A. 58, 13992 (1963).
313) — U. S. Pat. 3,072,695 (to E. I. DuPont de Nemours and Co.), Jan. 8, 1963; C. A. 58, 13993 (1963).
314) U. S. Publish Health Service, Div. Air Pollution, Survey of Lead in the Atmosphere of Three Urban Communities, Cincinnati, Ohio, January, 1965.
315) Vogel, C. C.: J. Chem. Educ. 25, 55 (1948).
316) Walden, C. C., Allen, I. V. F, Bohn, A. R.: Progress Report No. 9, Project No. LC-89, Dec. 31, 1968, to Intern. Lead Zinc Res. Organ., Inc., New York.
317) Walker, A. O.: U. S. Pat. 3,372,098 (to Nalco Chemical Co.), March 5, 1968; C. A. 68, 83834c (1968).
318) Wall, H. H.: U. S. Pat. 3,158,636 (to Ethyl Corp.), Nov. 24, 1964; C. A. 62, 3870 (1965).
319) Whelen, M. S.: Preparation of Alkyl Mercurials with Tetraethyllead. In: Metal-Organic Compounds, Advances in Chemistry Series, Vol. 23, pp. 82—86. Washington, D. C.: American Chemical Society 1959.
320) Whitman, N.: U. S. Pat. 2,657,225 (to E. I. DuPont de Nemours and Co.), Oct. 27, 1953; C. A. 48, 2358 (1954).
321) Wiczer, S. B.: U. S. Pat. 2,960,515, Nov. 15, 1969; C. A. 55, 9282 (1961).
322) Willemsens, L. C.: Organolead Chemistry, Intern. Lead Zinc Res. Organ., New York, 1964.
323) — van der Kerk, G. J. M.: Investigations in the Field of Organolead Chemistry, Intern. Lead Zinc Res. Organ., New York, 1965.
324) — — J. Organometal. Chem. (Amsterdam) 2, 271 (1964).
325) — — J. Organometal. Chem. (Amsterdam) 13, 357 (1968).
326) — — J. Organometal. Chem. (Amsterdam) 15, 117 (1968).
327) — van der Want, G. M.: In: Handbook of Lead Chemicals, Chapt. 2, in press. International Lead Zinc Research Organization, Inc., New York.
328) Williams, K. C.: J. Org. Chem. 32, 4062 (1967).
329) — J. Organometal. Chem. (Amsterdam) 22, 141 (1970).

330) Wirth, H. O., Maul, R., Triedrich, H. H.: Tetrahedron Letters 1969, 2959.

331) Wright, P. G.: Combust. Flame *5*, 205 (1961).

332) Yantovskii, S. A.: Zh. Prikl. Khim. *40*, 1856 (1967); through C. A. *68*, 4579x (1968).

333) Zakharkin, L. I., Okhlobystin, O. Yu.: Izv. Akad. Nauk SSSR Otdel. Khim. Nauk 1959, 1942; through C. A. *54*, 9738 (1960).

334) Ziegler, K.: Brit. Pat. 848,364, Sept. 14, 1960; C. A. *55*, 5199 (1961).

335) — Brit. Pat. 864,394, April 6, 1961; C. A. *55*, 20962 (1961).

336) — Lehmkuhl, H.: U. S. Pat. 3,372,097 (to K. Ziegler), March 5, 1968; C. A. *68*, 101279g (1968).

337) — Steudel, O. W.: Ann. Chem. *652*, 1 (1962).

338) Zimmer, H., Homberg, O. A.: J. Org. Chem. *31*, 947 (1966).

Received December 29, 1969

Metallorganische Verbindungen als Katalysatoren der Olefin-Polymerisation

Dr. A. Gumboldt

Farbwerke Hoechst AG., vormals Meister Lucius & Brüning

Inhalt

I. Einleitung

Die Bedeutung metallorganischer Verbindungen für die industrielle Chemie stieg 1953/54 sprunghaft durch Arbeiten, die K. Ziegler mit seinen Mitarbeitern im Institut für Kohlenforschung in Mülheim-Ruhr durchführte. K. Ziegler selbst vergleicht die Plötzlichkeit des Beginns und die Geschwindigkeit dieser Ausweitung mit einer Explosion [1].

Es gab damals schon eine technische Großproduktion von Bleialkylen, die als Antiklopfmittel bei Treibstoffen für Otto-Verbrennungsmotoren Verwendung fanden, ferner wurden Organoquecksilberverbindungen technisch dargestellt, deren bactericide, fungicide und algicide Eigenschaften in Saatgutbeizen und (Unterwasser-) Anstrichen genutzt wurden. Organoarsen- und -antimonverbindungen fanden Verwendung als Chemotherapeutica, und für Organozinnverbindungen begannen sich technische Verwendungen als Pflanzenschutzmittel und Stabilisatoren für Polyvinylchlorid abzuzeichnen. Erwähnt seien ferner die Grignard-Magnesiumverbindungen, die — allerdings nur in kleineren technischen Ansätzen — für die Synthese organischer Verbindungen benutzt wurden. Mit der Entdeckung der metallorganischen Katalyse, der Oligomerisation und Polymerisation von ungesättigten Kohlenwasserstoffen mit Hilfe von „metallorganischen Mischkatalysatoren" [2] wurden aber Gruppen metallorganischer Verbindungen einer Nutzung im großtechnischen Maßstab zugeführt, die bisher nur wissenschaftliches Interesse besessen hatten und die bislang nur in kleinen Mengen in Laboratorien verwandt wurden.

Damit war eine Entwicklung in Gang gekommen, die in der Folgezeit eine Flut von Entdeckungen neuer Substanzen und neuartiger technischer Verfahren mit sich brachte. An dieser Eröffnung des Neulandes waren, neben Vertretern der wissenschaftlichen Chemie, Physik und chemischen Technologie der Hochschulen, entscheidend die Laboratorien der einschlägigen Industrie beteiligt. Insbesondere waren es Verfahren zur Herstellung von polymeren Kohlenwasserstoffen, die vom Status des Experimentes im Laboratorium zu technischen Großverfahren entwickelt wurden. Genannt seien

Polyäthylen, Polypropylen und deren Copolymere,
Poly-buten-(1) und Poly-4-methyl-penten-(1),
das Poly-1,4-cis-butadien, Poly-1,4-trans-butadien,
1,2-Polybutadien,
Poly-1,4-cis-isopren (mit dem sterischen Aufbau des Naturkautschuks
Poly-1,4-trans-isopren (mit der Struktur der Guttapercha).

Bemerkenswert sind auch Oligomerisationsreaktionen des 1,3-Butadiens zu 1,5-Cyclooctadien und 1,5,9-Cyclododecatrien, ferner die Mischoligomerisation aus zwei Molen 1,3-Butadien und einem Mol Äthylen zu Cyclodecadien mit Übergangsmetall-π-Komplexen als Katalysatoren.

Über ein Teilgebiet dieser Entwicklungen, die Polymerisation und Copolymerisation von einfach ungesättigten Kohlenwasserstoffen mittels metallorganischer Katalyse, soll berichtet werden.

II. Katalyse der Polyreaktion

1. Metallorganische Verbindungen der Elemente der 1.—3. Haupt- und Nebengruppen des Periodensystems

Einfache organische Verbindungen der Alkalimetalle, der Erdalkali- und Erdmetalle, Alkyle des Lithiums, Berylliums und Aluminiums, vermögen Äthylen in einer stufenweisen Reaktion bei erhöhten Temperaturen und Drucken zu Polymeren aufzubauen, deren mittlere Molekulargewichte in der Regel aber $\sim 10\,000$ nicht überschreiten.

M. E. P. Friedrich und C. S. Marvel [3] beobachteten bereits 1930 beim Einleiten von Äthylen in Petroläther (40°—45 °C), in welchem geringe Mengen Lithium-n-butyl gelöst waren, nach einer gewissen Zeit die Abscheidung eines weißen Polymerisates, das sie aber nicht näher untersuchten. Eine ähnliche Reaktion ist mit Berylliumalkylen, nicht aber mit Grignard-Verbindungen möglich [4].

Technische Bedeutung erlangte diese „Aufbaureaktion" aus Äthylen mit Aluminiumtrialkylen durch Arbeiten von K. Ziegler et al. [5].

Aluminiumtrialkyle reagieren mit Äthylen bei 90°—100 °C und 100 atü unter Ausbildung langkettiger unverzweigter Aluminiumalkyle

$$R - al + nC_2H_4 \longrightarrow R(C_2H_4)_n{-}al$$

Wie erwähnt, lassen sich mit dieser „Aufbaureaktion" nicht beliebig hohe Molekulargewichte der Polymeren einstellen. Es tritt Kettenabbruch unter Dehydrometallierung, etwa nach folgendem Schema ein:

$$al{-}(CH_2 \cdot CH_2)_n \cdot R \longrightarrow al \cdot H + CH_2{=}CH(CH_2 \cdot CH_2)_{n-1} \cdot R$$

und das gebildete Metallhydrid reagiert mit monomerem Alken nach

$$al \cdot H + CH_2{=}CH \cdot R \longrightarrow al{-}CH_2 \cdot CH_2 \cdot R$$

Es sind auf diesem Wege mit Aluminiumalkylen aus Äthylen Trialkylaluminium-Verbindungen darstellbar, welche in den organischen Resten bis zu 30 C-Atome enthalten können. Diese metallorganischen Verbindungen können mit Luftsauerstoff zu Alkoholat oxydiert [6] oder in einer Verdrängungsreaktion mit einem Olefin (Äthylen oder ein 1-Alken) zu Aluminiumalkyl und dem entsprechenden höheren α-Olefin umgesetzt werden [7]. Bei α-Olefinen, z.B. Propylen oder Buten-(1), bleibt die Polymerisation bereits beim Dimeren stehen.

2. Struktur und Reaktivität

In der Gruppe der Organoalkaliverbindungen nimmt die Reaktivität mit zunehmender Elektropositivät des Metalles und damit gleichlaufend, mit steigender Polarität der Kohlenstoff-Metallbindung zu. Betrachtet man die Grenzfälle, so ist in einem Salz,

$$Me^{\oplus}{-}C^{\ominus} ,$$

das Carbanion der Träger des höheren Energieinhaltes, in einer covalenten Bindung dagegen,

$$Me{-}C ,$$

das Metall der reaktive Teil. In der nachstehenden Tabelle 1 ist die Elektronegativität [8,9], der Ionenradius [10], die Ionisierungsenergie und der Ionencharakter einiger Elemente der 1.—3. Haupt- und Nebengruppen des Periodischen Systems wiedergegeben.

In der Reihe der Organoalkaliverbindungen bildet das Lithium — mit kleinem Ionenradius und hohem Polarisationsvermögen — Verbindungen, in denen der covalente Charakter überwiegt. Beispielsweise kann *n-Butyl-lithium*, eine bei Zimmertemperatur viscose Flüssigkeit, in gutem Vakuum fast unzersetzt destilliert werden. Die Verbindung ist in paraffinischen Lösungsmitteln leicht löslich. *n-Butyl-natrium* dagegen, ein weißes Pulver, zersetzt sich beim Erhitzen ohne zu schmelzen und ist unlöslich in paraffinischen Lösungsmitteln. Wie aus obiger Tabelle ersichtlich, besitzt es zu 47% Ionencharakter, $Na^{\oplus} (n-C_4H_9)^{\ominus}$. Mit wachsendem Ionenradius und fallender Ionisierungsenergie steigt in den einzelnen Gruppen die Tendenz zur Salzbildung an. Der covalente Charakter einer Metall-Kohlenstoffbindung nimmt in der Reihe Alkalien/Erdalkalien/Erdmetalle zu. Die Metallalkyle mit überwiegender Ionenbindung sind für sich alleine keine Polymerisationskatalysatoren für Äthylen und α-Olefine. Einige Ausnahmen bestehen bei der Polymerisation von Diolefinen mit konjugierten Doppelbindungen im Molekül. Ebenso erwiesen sich Organo-Natriumverbindungen als geeignet für die Polymerisation des Styrols [11]. Erwähnt seien auch die „Alfin"-Katalysatoren, Gemische aus Alkalihalogeniden, Alkalialkoholaten und Alkalialkylen, die man für den gleichen Zweck benutzen kann [12,13]. Mit Organometallverbindungen mit kleinem Ionenradius als Katalysatoren, insbesondere Lithium-, Beryllium- und Aluminiumalkylen mit überwiegend covalentem Charakter lassen sich dagegen, wie schon eingangs erwähnt, aus Äthylen Polymere aufbauen [3,4,5].

Molekulargewichtsbestimmungen, die an einigen Alkylderivaten dieser Elemente vorgenommen wurden, zeigten, daß sie als Assoziate vorliegen. So bildet Methyl-lithium in siedendem Äthyläther ein Assoziat aus drei Molekülen, n-Butyl-lithium ein solches aus fünf; das letztere bildet in siedendem Benzol ein Assoziat mit dem siebenfachen des theoretischen Molekulargewichtes[14]. Äthyl-lithium zeigt in gefrierendem Benzol ebenfalls das siebenfache Molekulargewicht [15].

Dialkyl-beryllium und Trialkyl-aluminium bilden in der Hauptsache dimere Assoziate. Trialkylaluminium mit voluminösen Resten, z. B. $Al(CH_2 \cdot CHRR)_3$ (Iso-butyl-Typ), ist dagegen praktisch überhaupt nicht assoziiert [16].

Die Fähigkeit dieser Verbindungen, Assoziate mit covalenten Strukturen zu bilden, die in den Me-C—Me-Bindungen Stellen mit Elektronenmangel (*electron deficiency*) aufweisen, ist demnach charakteristisch für diese Elemente. Das Leitelement der dritten Hauptgruppe, Bor, bildet

Tabelle 1. *Elektronegativität, Ionenradius, Ionisierungsenergie und Ionencharakter der Elemente*

Atome	Li	Na	K	Rb	Cs	Be	Mg	Ca	Ba	Zn	B	Al
Elektronegativität	1,0	0,9	0,8	0,8	0,7	1,5	1,2	1,0	0,9	1,5	2	1,5
Ionenradius (Å)	0,68	0,97	1,33	1,47	1,67	0,35	0,66	0,99	1,34	0,74	0,23	0,51
Ionisierungsenergie eV	5,36	5,12	4,32	4,16	3,87	9,28	7,61	6,09	5,19	9,36	8,26	5,96
Ionencharakter %	43	47	52	52	57	20	34	—	—	20	—	22

eine Ausnahme, denn Trialkyl-bor-Verbindungen liegen in monomerer Form vor. Diese Verbindungen vermögen Äthylen und α-Olefine nicht zu polymerisieren. Ähnliches gilt für Zink- und Cadmiumalkyle, die ebenfalls monomere Strukturen aufweisen [17,18].

3. Mechanismus der Aufbaureaktion

Aus Raman- [19] und Infrarot-Spektren [20] ließ sich eine symmetrische Brückenstruktur des Aluminiumtrimethyls herleiten. Diese Struktur wurde durch das Röntgenspektrum der kristallisierten Verbindung bestätigt [21].

Die Elektronenverteilung der M-Schale des Aluminiums weist 3 Elektronen mit den Grundtermen $3s^2$ und $3p$ auf. Die Ausbildung der stabilen Edelgaskonfiguration kann durch Aufnahme von Elektronen aus einem Donormolekül, Äther, Amine, Alkalisalz-Anionen, oder durch Ausbildung einer Brückenkonfiguration erfolgen, mit z.B. Chlor, Stickstoff oder Sauerstoff als Brückenatomen. Diese Verbindungen zeigen in der „Monometallkatalyse" der α-Olefin-Polymerreaktion keine Wirksamkeit. Bei Aluminiumtrimethyl (Abb. 1), mit einem kleinen Al—C—Al-Winkel (70 °C), überlappen $Alsp^3 \ldots\ldots Csp^3$-Bahnen. Der Abstand zwischen den Brücken-C-Atomen und Al beträgt 2,24 Å, während der Abstand Al—C bei den außenständigen CH_3-Gruppen und Al 1,99 Å (siehe Abbildung) beträgt. Die verhältnismäßige niedrige Elektronegativität des Aluminiums bewirkt starke Polarisation der Bindung und Elektronenmangel an den C-Atomen der Al—C_2—Al-Brücke und damit verbun-

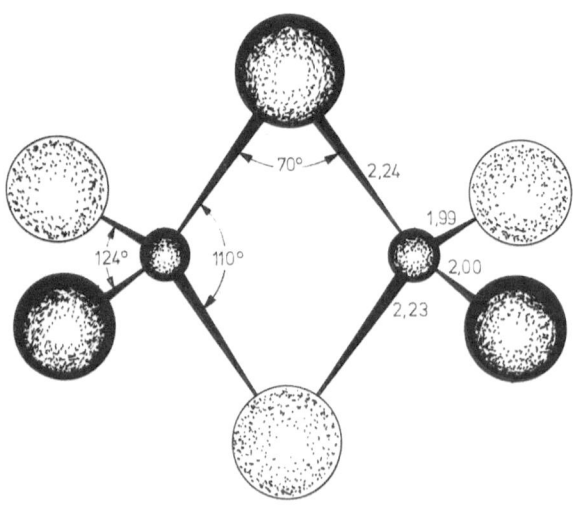

Abb. 1. Struktur des Aluminiumtrimethyls

den, eine erhöhte Reaktivität. Die Bindenergie der Brücken-Al-C-Bindung beträgt 10—12 Kcal/Mol (halbe σ-Bindung) [21]. Nur Verbindungen dieser Art mit Brücken zwischen gleichen Metallatomen, deren Brückenglieder aus Kohlenstoffatomen bestehen, besitzen katalytische Aktivität als „Monometallkatalysatoren" bei der Polymerisation des Äthylens. Wie erwähnt, lassen sich jedoch mit derartigen homogenen Katalysatorsystemen, und nur mit Äthylen, Polymere mit relativ niedrigem Molekulargewicht aufbauen.

Aus Leitfähigkeitsmessungen, die von E. Bonitz [22] an Aluminiumalkylen vorgenommen wurden, kann auf das Auftreten folgender Gleichgewichte geschlossen werden:

$$2\,AlR_3 \rightleftharpoons Al_2R_6 \rightleftharpoons (AlR_2)^{\oplus}\,(AlR_4)^{\ominus}$$

Die Existenz der (AlR_2)-Kationen konnte durch polarographische Messungen nachgewiesen werden. G. Natta [23] schlug für die Aufbaureaktion folgenden Mechanismus vor:

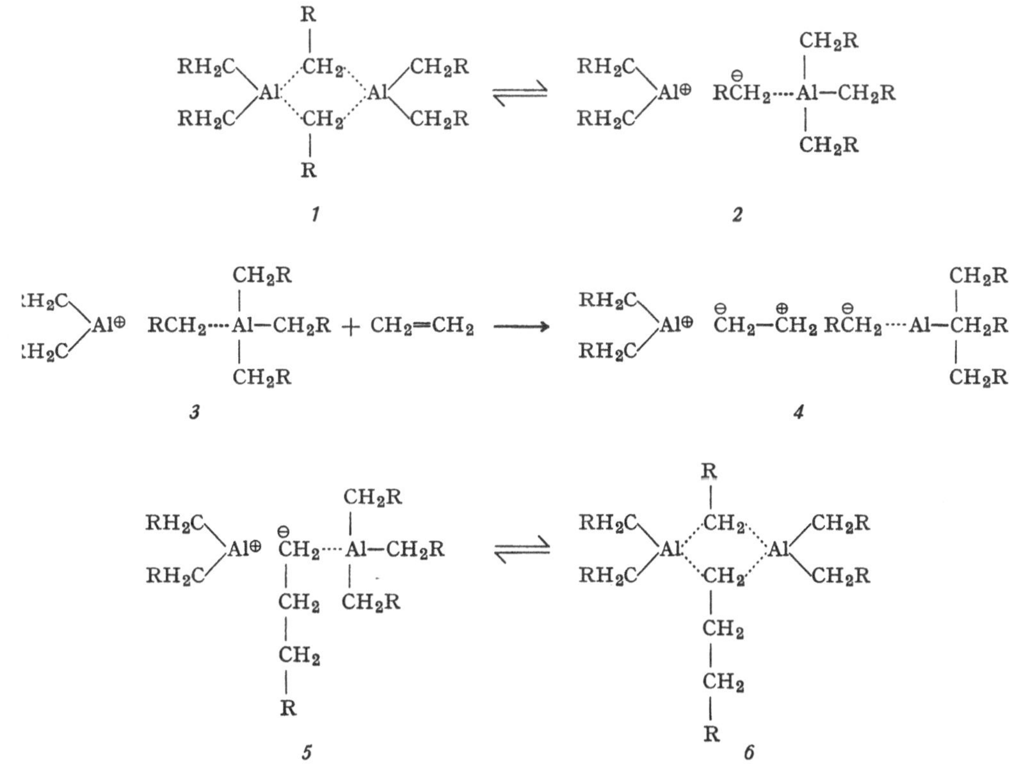

Abb. 2. Aufbaureaktion mit Äthylen und Aluminiumtrialkyl als Katalysator

In Abb. 2 ist der erste Schritt der Aufbaureaktion aus Äthylen mit Aluminiumtrialkyl schematisch wiedergegeben. Äthylen wird im Bereich des Al-Komplexes *(1)* mit Elektronenmangel am Brücken-C-Atom polarisiert,

$$CH_2=CH_2 \longrightarrow \overset{\ominus}{C}H_2-\overset{\oplus}{C}H_2$$

und unter gleichzeitiger Dissoziation *(2)* einer Al—C-Brückenbindung tritt Reaktion *(4)* mit dem polarisierten C-Atom ein. Der größere Abstand (siehe Abb. 1) des Brücken-C-Atoms vom Metallatom, verglichen mit dem der außenständigen Me—C-Bindung, begünstigt die Dissoziation im Brückenbereich. An der Brückenstruktur *(6)* wiederholt sich der Vorgang mit einem weiteren Äthylen-Molekül.

4. Anwendung der Aufbaureaktion in technischen Verfahren

In einem technischen *Einstufenverfahren* lassen sich mit geringen Aluminiumtriäthyl-Mengen als Katalysatoren aus Äthylen α-Olefine aufbauen, wobei aber nachteilig ist, daß die Verteilung der Molekulargewichte verhältnismäßig breit ist und außerdem die Bildung von verzweigten Nebenprodukten, z.B. des dimeren Propylens schwer vermeidbar ist.

In einem *Zweistufenverfahren* dagegen setzt man größere Mengen des Aluminiumalkyls ein und stellt ein Aufbauprodukt von gewünschter, durchschnittlicher Molekulargröße ein und schließt dann die Verdrängungsreaktion an [7]. Mit diesem Verfahren, daß besonders geeignet erscheint für eine kombinierte Produktion von Alkoholen und α-Olefinen, lassen sich gezielt Produkte einer gewünschten Molekulargröße gewinnen. (In der Industrie der Detergention werden geradkettige α-Olefine und Alkohole, etwa im Bereich C_{12}—C_{18} benötigt, die besonders schnell und vollkommen bakteriell abgebaut werden).

Technische Anlagen zur Herstellung der höheren Alkohole haben bereits die Produktion aufgenommen oder sind im Bau (USA, Deutsche Bundesrepublik, Japan). Die technische Produktion von höheren α-Olefinen steckt noch am Anfang.

III. Polymerisation mit metallorganischen Mischkatalysatoren

1. Zweikomponenten-Katalysatoren

Neben der Polyreaktion von Äthylen mit „monometallischen" (Einkomponenten)-Katalysatoren, Organo-Lithium- [24], -Beryllium- und insbes. -Aluminium-Verbindungen läuft bei steigenden Temperaturen mit wachsender Geschwindigkeit als Konkurrenzreaktion eine Kettenabbruchreaktion unter Olefinbildung und Dehydrometallierung ab. Polymere mit einem verhältnismäßig niederen mittleren Molekulargewicht sind die Folge. Bei 1-Alkenen bleibt die monometallisch katalysierte Polyreaktion bereits bei den Dimeren stehen. Verwendet man dagegen anstelle der genannten „monometallischen" Katalysatoren Umsetzungsprodukte aus Übergangselementverbindungen der IV—VIII Gruppen und Organometallverbindungen der I—III Haupt- und Nebengruppen des Periodensystems als Katalysatoren, so erhält man über einen weiten Bereich der Temperatur und des Druckes Polymere aus Äthylen und 1-Alkenen, die sehr hohe Molekulargewichte, bis zu 3 000 000 und darüber, besitzen können. Anstelle der Organometallverbindungen lassen sich zuweilen auch die Metalle selbst oder deren Hydride als Katalysatorkomponente verwenden, die dann in Anwesenheit der Olefine intermediär Alkylderivate bilden.

Diese von K. Ziegler u. Mitarb. [25] gefundene Polyreaktion des Äthylens verwendet *Katalysatorkombinationen*, die aus Umsetzungsprodukten [26] von Aluminiumalkylen und Verbindungen des Titans, Zirkons, Hafniums, Vanadiums, Niobs, Tantals, Chroms, Molybdäns und Wolframs bestehen. Insbesondere haben die binären Komplexe aus Titanchlorid und Aluminiumalkylen, wegen einer bisher unbekannten hohen Geschwindigkeit, mit der sie Äthylen in Polymere umzusetzen vermögen, technische Bedeutung erlangt.

Diesen ersten Arbeiten von K. Ziegler u. Mitarb., die in der Hauptsache die Polymerisation von Äthylen behandelten, folgten Arbeiten von G. Natta u. Mitarb., denen die Darstellung von Polymeren höherer α-Olefine wie Propylen, Buten-(1), Styrol u.a. mit unterschiedlicher sterischer Konfiguration mit Hilfe der Ziegler-Katalysatoren gelang.

G. Natta u. Mitarb. [27] widmeten der Darstellung von α-Olefinpolymeren mit *sterisch definierter Konfiguration* erhebliche Arbeit und bewiesen das Vorliegen der verschiedenen Strukturen der Polymeren durch physikalische Methoden wie Röntgenuntersuchungen, Ultrarot-Spektroskopie etc. G. Natta erhielt für diese Arbeiten den Nobel-Preis.

Untersucht man die Möglichkeiten der Kombination von Nebengruppenverbindungen IV—VIII und metallorganischen Verbindungen, Metallen, Metallhydriden und Metall-Legierungen I—III des Periodensystems, die als Katalysatoren für den Umsatz von α-Olefinen zu Polymeren geeignet sind, anhand der bisher erschienenen Patente, der wissenschaftlichen und technischen Literatur, so kommt man zu überraschend großen Zahlen.

N. G. Gaylord und H. F. Mark [28] erwähnten bereits 1959 mehr als 250 metallorganische Mischkatalysator-Typen, mit denen man Äthylen polymerisieren kann. Diese Zahl hat sich in den darauf folgenden zehn Jahren vervielfacht.

Hier kann nur ein Bruchteil der Veröffentlichungen genannt werden, insbesondere sollen es diejenigen sein, mit deren Hilfe der Ablauf der Polyreaktion beschrieben werden soll oder diejenigen, welche technische Bedeutung erlangt haben.

In der Reihe der Übergangselementverbindungen IV—VIII haben Halogenderivate, insbesondere die *Chloride und Oxychloride des Titans und Vanadiums*, technische Bedeutung als Komponenten von binären und ternären Katalysatorkomplexen erlangt. Neben diesen weisen jedoch auch Verbindungen des Zirkons, Hafniums, Niobs, Tantals, Chroms, Molybdäns, Mangans, Eisens, Kobalts und Nickels katalytische Aktivität auf.

Außer den Halogenverbindungen der Übergangselemente können auch Cyclopentadienyl-, Acetylacetonyl-, Alkoxy-, Aryl-derivate u. a. Verwendung finden. Als metallorganische Komponenten sind wirksam, Alkalimetallalkyle und -aryle, Alkyle, Alkylhydride und Alkyl-Halogenverbindungen des Aluminiums, Lithium-Aluminium-Alkyle, Beryllium-, Zink- und Cadmiumalkyle, sowie Grignard-Verbindungen. Von diesen haben größere technische Bedeutung die *Aluminiumalkyle und -halogenalkyle*, insbesondere Aluminiumtriäthyl, sowie Aluminiumäthylsesquichlorid und Aluminiumdiäthylmonochlorid erlangt.

An einem *Vorlesungsexperiment*, das K. Ziegler und H. Martin [29] zur Darstellung des Polyäthylens beschreiben, läßt sich die prinzipielle Wirkungsweise der metallorganischen Mischkatalysatoren demonstrieren:

Äthylen wird bei Normaldruck, unter Luft- und Feuchtigkeitsausschluß in eine Suspension eines Titan-aluminium-organischen Mischkatalysators unter Rühren geleitet. Der Katalysator wird durch Zusammengeben von Diäthylaluminiumchlorid und Titantetrachlorid bei Zimmertemperatur im Polymerisationsmedium dargestellt, wobei ein feiner, dunkelbrauner Niederschlag ausfällt, der das Titan in überwiegend dreiwertiger Form enthält. Als Dispergiermedium können aliphatische oder cycloaliphatische Kohlenwasserstoffe dienen, solche Verbindungen, die selbst mit den Katalysatorkomponenten nicht zu reagieren vermögen. Das Monomere wird in dem Maße, wie es verbraucht wird, in die Katalysatordispersion eingegast. Das Polymere fällt als feines, hellbraunes Pulver aus, und die Polymerisation kann solange fortgesetzt werden, wie Rühren und Gaseinmischung möglich ist. Nach Beendigung der Polymerisation wird durch Einleiten von Luft, oder durch Zugabe von Alkohol oder Wasser der Katalysator zerstört und von dem nunmehr rein weißen Polymeren abfiltriert und die Dispergiermittelreste durch Trocknen entfernt.

Auf dieser „klassischen" Grundreaktion baute die industrielle Chemie großtechnische Verfahren auf. Durch Variation der Katalysator-zusammensetzung, der Temperatur und des Druckes lassen sich Polymere mit verschiedenen physikalischen Eigenschaften darstellen. Ebenso werden auf diesem Wege Polymere und Copolymere der α-Olefine, Propylen, Buten-(1) u.a. in technischen Mengen dargestellt. Eine Übersicht über ein kontinuierlich arbeitendes Verfahren vermittelt ein Modell einer Äthylenpolymerisationsanlage, das 1959 auf der Weltausstellung in Brüssel gezeigt wurde und dort arbeitete [30]. In Abb. 3 ist die Anordnung schematisch wiedergegeben.

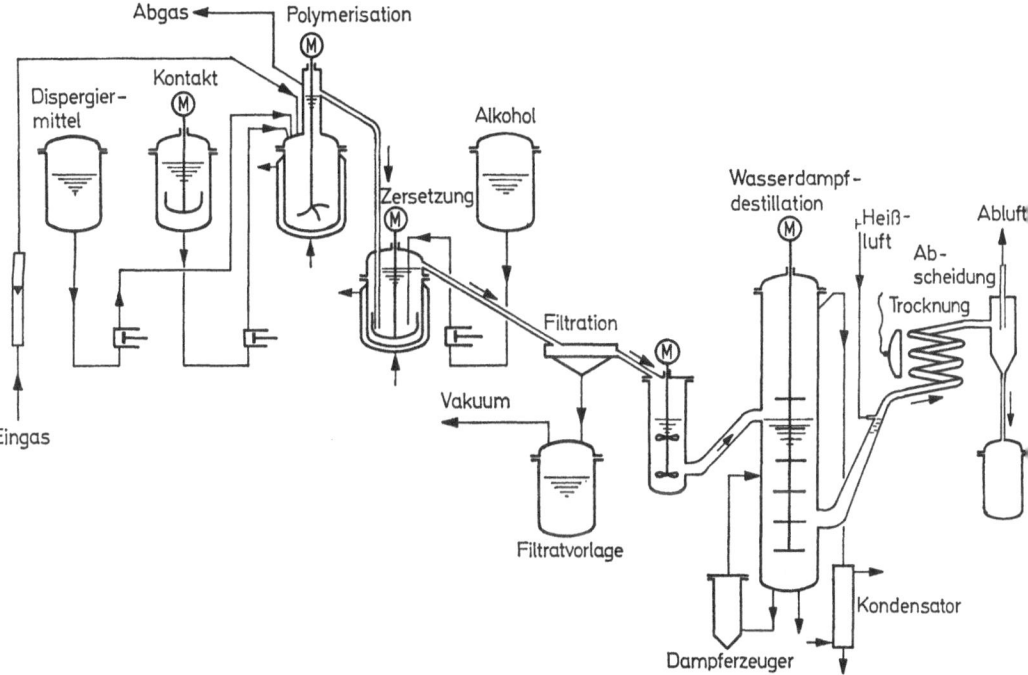

Abb. 3. Schema einer kontinuierlich arbeitenden Polymerisationsanlage mit Ziegler-Katalysatoren

2. Darstellung von Katalysatoren

Über die Wirkungsweise der Ziegler-Typ-Katalysatoren bei der Polymerisation der Olefine ist, hergeleitet von experimentellen Daten, eine größere Anzahl von theoretischen Vorstellungen publiziert worden. Eine erschöpfende Erklärung der mannigfaltigen Erscheinungen bei diesen Reaktionen scheint noch auszustehen.

Anders als bei der relativ langsam verlaufenden „Aufbaureaktion" mit Äthylen und metallorganischen Einkomponentenkatalysatoren, welche überwiegend kovalente Me—C-Bindungen und Brückenstrukturen aufweisen, gelingt die Polymerisation des Äthylens bei niederen Temperaturen durchweg mit allen metallorganischen Verbindungen, welche die zweiten Katalysatorkomponenten, die Übergangselementverbindungen, zu alkylieren (arylieren) vermögen, d. h. auch mit solchen Verbindungen, bei denen der Ionencharakter überwiegt.

Mit Umsetzungsprodukten aus Titantetrachlorid und n-Butyllithium oder iso-Amyl-lithium, bei optimalen Verhältnissen n-Bu-Li/TiCl$_4$ 2,15—2,47 und iso-Am.-Li/TiCl$_4$ 2,5—4,3 läßt sich Äthylen bei —10 °C bis +50 °C mit guter Ausbeute polymerisieren [31].

Umsetzungsprodukte aus Titantetrachlorid und iso-Amylnatrium oder n-Butyl-natrium sind über einen weiten Bereich des Molverhältnisses R-Na/Ti sehr aktive Katalysatoren für die Äthylenpolymerisation, das Reaktionsprodukt aus Phenyl-natrium und Titantetrachlorid funktioniert zwar auch, ist aber weniger aktiv [32].

Setzt man n-Butyl-kalium oder iso-Amyl-kalium mit Titantetrachlorid in den optimalen Verhältnissen n-Bu.-K/Ti 2,8—6,1 oder iso-Am.-K/Ti 1,1—3,7 um, so erhält man ebenfalls wirksame Katalysatoren, deren Aktivität jedoch geringer ist als diejenige der mit Lithium- und Natriumalkylen erhaltenen Titan-Katalysatoren [33].

Ähnliche Beispiele zur Darstellung von aktiven Polymerisationskatalysatoren durch Alkylierung (Arylierung) von Übergangselementverbindungen mit verschiedenen (Arylierungs-) Alkylierungsmitteln wie BeR$_2$, MgR$_2$, HalMgR, ZnR$_2$, CdR$_2$, GaR$_3$, InR$_3$ u.a. lassen sich in der (Patent-) Literatur in beträchtlicher Anzahl finden.

Am Beispiel der *Umsetzung von Titantetrachlorid mit Aluminiumalkylen und Aluminiumchloralkylen* soll im folgenden die Darstellung eines solchen aktiven Polymerisationskatalysators betrachtet werden.

Prüft man die Titanchloride, so findet man Polymerisationsreaktionen, die in Gegenwart von Ti(IV), Ti(III) und Ti(II) ablaufen. Es sind auch Fälle bekannt, bei denen während der Polymerisationsreaktion ein Wertigkeitswechsel des Titans stattfindet, z. B. das Ti(IV) in Ti(III) überführt wird.

Schematisch läßt sich die Reaktion so formulieren:

$$TiCl_4 + AlR_3 \longrightarrow RTiCl_3 + AlR_2Cl$$

$$TiCl_4 + AlR_2Cl \longrightarrow RTiCl_3 + AlRCl_2$$

$$TiCl_4 + AlRCl_2 \longrightarrow RTiCl_3 + AlCl_3$$

RTiCl$_3$ (R = CH$_3$, C$_2$H$_5$ und i-C$_4$H$_9$) kann unter bestimmten Bedingungen isoliert werden [34].

Bei der Darstellung der Katalysatoren bei Zimmertemperatur treten die Chlortitanalkyle als instabile Zwischenprodukte auf, die unter Reduktion des Titans zerfallen:

$$RTiCl_3 \longrightarrow TiCl_3 + R\cdot$$

Unter bestimmten Bedingungen läßt sich dieser Umsatz bis zum Ti(II) fortführen:

$$TiCl_3 + AlR_3 \longrightarrow RTiCl_2 + AlR_2Cl$$
$$TiCl_3 + AlR_2Cl \longrightarrow RTiCl_2 + AlRCl_2$$
$$TiCl_3 + AlRCl_2 \longrightarrow RTiCl_2 + AlCl_3$$
$$RTiCl_2 \longrightarrow TiCl_2 + R\cdot$$

In Wirklichkeit verläuft diese Alkylierungsreaktion etwas komplizierter. Verwendet man als Alkylierungsmittel Aluminiumtriäthyl im Überschuß, so findet man in den Reaktionsprodukten Ti(III), Ti(II), Äthan, Äthylen, Äthylchlorid, n-Butan und Polyäthylen.

$$4\,C_2H_5\cdot \longrightarrow n\text{-}C_4H_{10}, \quad C_2H_6, \quad C_2H_4 \longrightarrow \text{Polyäthylen.}$$

Das Äthylchlorid entsteht vermutlich auf folgendem Weg:

$$TiCl_4 + C_2H_5\cdot \longrightarrow TiCl_3 + C_2H_5Cl$$

Läßt man Aluminiumdiäthylchlorid bei −75 °C auf Titantetrachlorid, das in n-Hexan gelöst ist, in äquimolaren Mengen einwirken, so erhält man eine dunkelrotbraun gefärbte Lösung. Beim Einleiten von Äthylen tritt Polymerisation ein. Das Titan in dem dunkelrotbraunen Komplex liegt als Ti(IV) vor. Bringt man die klare Lösung des Ti—Al-Komplexes durch Erwärmen auf 0 °C, so bemerkt man bei −25 °C bis −20 °C eine stärkerwerdende Trübung. Es fällt schließlich bei längerem Stehen bei 0 °C alles Ti als Ti(III) aus. Die Dispersion dieses Gemisches ist ebenfalls eine aktiver Katalysator.

Die analytische Kontrolle der Zusammensetzung dieser Umsetzungsprodukte aus $TiCl_4$ und aluminiumorganischen Verbindungen ist schwierig, denn die Zusammensetzung und damit verbunden, die katalytische Wirksamkeit des Präzipitates kann sich nicht nur bei Änderung des Molverhältnisses Ti/Al, der Temperatur und der Konzentration verändern, sondern man findet ebenfalls eine Abhängigkeit der Aktivität von der Zeit, d.h. der Katalysator altert.

In Tabelle 2 sind *Analysenwerte von Katalysatoren*, die bei konstanter Temperatur (0 °C) aus Titantetrachlorid und Aluminiumdiäthylchlorid und Äthylaluminiumsesquichlorid hergestellt und sorgfältig, bis zum Verschwinden der Cl-Reaktion mit Dispergiermittel (n-Heptan) ausgewaschen wurden, wiedergegeben.

Tabelle 2. *Umsatz von Titantetrachlorid mit Aluminium-diäthylchlorid bzw. Aluminiumäthylsesquichlorid*

a) Umsatz $TiCl_4 + Al(C_2H_5)_2Cl$, $Ti/Al = 1:1,1$ $0\,°C$

Ti(III) *)	Al	Cl	C_2H_5
0,937	0,474	3,84	0,58
0,980	0,453	3,91	0,45
0,988	0,411	3,90	0,33
0,998	0,595	4,13	0,65

b) Umsatz $TiCl_4 + Al(C_2H_5)_{1,5}Cl_{1,5}$ Ti/Al $1:2,1$ $0\,°C$

0,955	0,517	4,10	0,45
1,000	0,513	4,29	0,29
0,978	0,567	4,12	0,48
0,928	0,562	4,16	0,52
0,962	0,536	4,22	0,39
0,978	0,643	4,26	0,67

*) Ti-Gesamt $= 1,000$

Bei längerem Stehenlassen (1 Jahr bei Zimmertemperatur) der Katalysatoren, ebenso beim Erwärmen auf 100 °C und wenig darüber tritt eine Verminderung um ca 10—20% des Alkylgruppengehaltes des Katalysatorkomplexes ein und dessen Polymerisationsaktivität sinkt um ein geringes. Es ist auch durch häufiges Waschen mit Dispersionsmittel nicht möglich, die Titan- und Aluminium-Komponenten voneinander zu trennen.

Beim Altern des Katalysators tritt offensichtlich eine strukturelle Veränderung ein. In der Debye-Scherrer-Aufnahme des frisch dargestellten Katalysators sind nur wenige verwaschene Banden zu bemerken (Abb. 4a). Diese treten nach der Alterung schärfer und deutlicher hervor, ebenso sind neue Banden entstanden (Abb. 4b). Es sind Hinweise dafür vorhanden, daß die Al-Komponente, die im ersten Schritt der Reduktion des löslichen Ti(IV)-chlorids zum unlöslichen Ti(III)-chlorid locker „chemisorbiert" wird unter Alkylierung der Titankomponente, bei der Alterung und gleichzeitiger Kristallisation in das Kristallgitter eingebaut wird.

Es wurde bereits darauf hingewiesen, daß bei der Alkylierung (Arylierung) der Titanverbindung ein polymerisationsaktiver Katalysator entsteht. Das aktive Zentrum, in dem mit Äthylen der Start der Polymerreaktion und die Ausbildung einer Polymerkette erfolgt, ist nicht wie in der „Aufbaureaktion" das Aluminium-Atom sondern das *Übergangselement* [35]. Die Aluminiumverbindung dient lediglich zur Alkylierung und, wie im Abschnitt über die Polymerisation der α-Alkene beschrieben wird, zur Stabilisation des alkylierten Titans im Kristallgitter des Ti-(III)-chlorids.

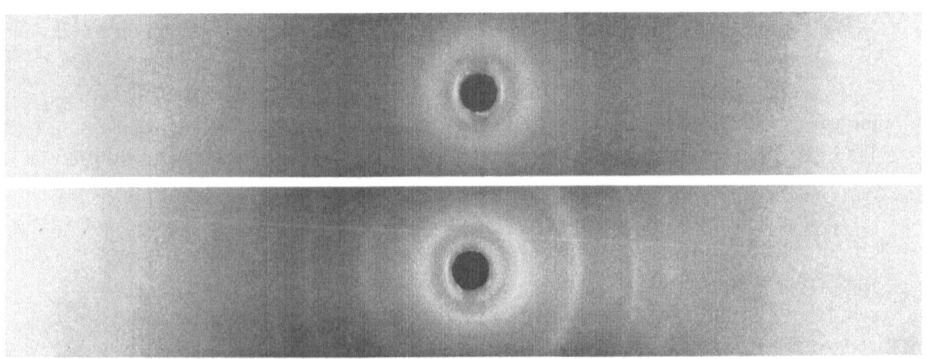

Abb. 4. Debye-Scherrer Aufnahme (Cu$-$Kα). Oben: Katalysator aus TiCl$_4$ und Al(C$_2$H$_5$)$_2$Cl frisch dargestellt. Unten: Derselbe Katalysator 5 Std. auf 105 °C erhitzt

In der Tat konnten C. Beermann und H. Bestian [34] nachweisen, daß mit reinstem CH$_3 \cdot$ TiCl$_3$, aus dem bei erhöhter Temperatur, oder bei Einstrahlung von Licht festes TiCl$_3$ auszufallen beginnt, Äthylen zu Polymeren mit hohem Molekulargewicht umgesetzt werden kann. Um die Aktivität des Katalysators zu erhalten, muß während der Polymerisation CH$_3$TiCl$_3$ nachgegeben werden. Hier übernimmt das CH$_3$TiCl$_3$, wie in dem Ti/Al-System das Al-alkyl, die alkylierende Wirkung. Bei tiefen Temperaturen (-70 °C) tritt mit dem Methyltitantrichlorid unter Erhaltung der Ti(IV)-Oxydationsstufe lediglich langsame Oligomerisation des Äthylens ein.

Es ist offensichtlich, daß CH$_3$TiCl$_3$-Titan in der IV-Oxydationsstufe Äthylen *nicht* zu hochmolekularen Produkten zu polymerisieren vermag.

Dagegen konnte aber Äthylen mit der entsprechenden Ti(III)-Verbindung bei -70 °C zu hochmolekularem Polyäthylen umgesetzt werden. CH$_3$TiCl$_2$ wurde auf folgendem Weg erhalten:

$$2\ CH_3TiCl_3 + Hg[Si(CH_3)_3]_2 \longrightarrow Hg + 2\ CH_3TiCl_2 + 2\ (CH_3)_3SiCl$$

Nach dem Auswaschen des $(CH_3)_3SiCl$ zeigte das verbleibende CH_3TiCl_2 bei geringen Konzentrationen (5 mMol Ti/l) bei $-70\ °C$ eine hohe Polymerisationsaktivität. Das entstandene Polyäthylen liegt mit seinen Eigenschaften, Schmelzpunkt, Viskosität und Verzweigungsgrad im Bereich der üblichen Ziegler-Polyäthylene [36].

3. Polymerisation von α-Alkenen zu Polymeren mit sterisch definierter Konfiguration

Die Ergebnisse von K. Kühlein und K. Clauss [36] bestätigten die in einer Anzahl von älteren Arbeiten dargelegten theoretischen Vorstellungen [37,38] nach welchen die Äthylen-Polymerisation an aktiven Zentren erfolgt, die durch Alkylierung der Übergangselementverbindung, unter gleichzeitiger Reduktion (in einer niedrigen Wertigkeitsstufe) gebildet werden.

Es muß darauf hingewiesen werden, daß mit dem $CH_3 \cdot TiCl_2$ von Kühlein und Clauss als „Einkomponenten-Katalysator" nur das erste Glied in der Reihe der α-Olefine, das Äthylen mit seiner streng symmetrischen Doppelbindung polymerisiert werden kann.

Propylen und andere α-Alkene wie Buten-(1)....Eikosen-(1)...., sowie verzweigte α-Alkene, wie 3-Methyl-buten-(1). 4-Methyl-penten-(1), 4.4-Dimethyl-hexen-(1) u.a. lassen sich dagegen mit einem isolierten, einfachen, alkylierten Ti(III)-Derivat bisher nicht zu Polymeren mit hohen Molekulargewichten umsetzen.

Zur Darstellung von Polymeren dieser höheren α-Alkene können bisher nur Zwei- und Mehrkomponenten-Katalysatorsysteme des ursprünglichen Ziegler-Typs verwandt werden, wobei als Übergangselementverbindungen Titan-, Zirkon-, Vanadium- und Chrom-Derivate, insbesondere aber Titan-halogenide und als alkylierende Komponenten Alkali-, Erdalkali- und Erdmetallalkyle und -chloralkyle und unter diesen speziell Aluminiumalkyle und Chloraluminiumalkyle Bedeutung erlangt haben.

Mit Umsetzungsprodukten aus Titantetrachlorid, Aluminiumäthylsesquichlorid oder Aluminiumdiäthylmonochlorid, wie sie auf Seite 312 beschrieben worden sind, lassen sich α-Alkene unter ähnlichen Bedingungen wie Äthylen zu Polymeren umsetzen. Hierbei fallen jedoch die Polymeren in verschiedenen sterischen Modifikationen mit unterschiedlichen physikalischen Eigenschaften an, wie sich besonders deutlich am Beispiel des Propylens oder Butens zeigen läßt.

4. Sterische Modifikationen von Polymeren

Bei Polymeren, die aus Monomereinheiten der allgemeinen Formel $CH_2=CHR$ gebildet werden, kann R in verschiedenen sterischen Positionen vorliegen. Von historischem Interesse ist, daß die Möglichkeiten einer derartigen Isomerie bereits von M. L. Huggins [39] derart interpretiert wurden, daß er die von T. Alfrey, A. Bartovics und H. F. Mark [40] beobachtete Polymerisations-Temperatur-Abhängigkeit gewisser charakteristischer Konstanten des Polystyrols, die sich aus dem osmotischen Druck und der Viscosität herleiten, der Ausbildung von Segmenten verschiedener sterischer Konfiguration im Makromolekül zuschrieb. Eine experimentelle Verwirklichung gelang erst 1947 als C. E. Schildknecht u. Mitarb. zwei Typen von Polyvinyl-isobutyläther [41], einen amorphen und einen kristallinen darstellen konnten. Obwohl von Schildknecht bereits eine Klassifikation von Polymeren, $(-CH_2-CHR-)_n$, in der die Symmetrie von Kettenabschnitten betont ist, vorgeschlagen wurde, waren zu der Zeit die Grundprinzipien der Stereoregularität und des stereoregulierten Aufbaues von Polymeren erst in ihren Anfängen bekannt. Diese Entwicklung kam in Fluß als G. Natta nicht nur die Darstellung verschiedener sterischer Modifikationen von α-Olefinpolymeren mit Ziegler-Katalysatoren [42] gelang, sondern als er auch die systematische und vollständige Bestimmung der Konfiguration der Polymeren verwirklichte.

G. Natta führte für die stereoisomeren Formen der α-Olefin-Polymeren, die aus Monomer-Einheiten CH_2CHR durch Zusammentritt in „Kopf-Schwanz"-Form gebildet werden, eine neue Nomenklatur ein (siehe Abb. 5).

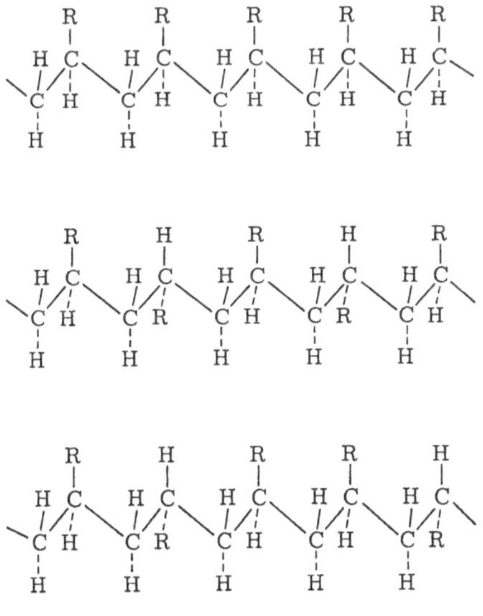

Abb. 5. Planarprojektionen der Stereomodifikationen von α-Olefin-Polymeren. I isotaktisch, II syndiotaktisch, III ataktisch

315

Diejenige Form bei welcher die asymmetrischen C-Atome im Polymeren $(-CH_2-CHR-)_n$ dieselbe sterische Konfiguration besitzen, nannte Natta ,,isotaktisch''. In der planaren Projektion der Polymerkette in obiger Abbildung ist diese Form unter I wiedergegeben. Alle an die asymmetrischen C-Atome gebundenen Gruppen R sitzen, zumindest für längere Abschnitte der Polymerkette, auf derselben Seite. Eine planare Struktur ist aus sterischen Gründen — Raumbedarf der R-Gruppen — nicht möglich. G. Natta fand eine *Helix-Struktur der Polymerkette* und gibt als Identitätsperiode für das Polypropylen $6,50 \pm 0,05$ Å mit drei Monomereinheiten an [43]. Eine andere Modifikation, in obiger Abbildung mit II bezeichnet, welche ebenfalls sterische Regularität aufweist und als Propylen-Polymeres dargestellt wurde, bezeichnet Natta mit ,,syndiotaktisch''. Die Form III, welche keinerlei sterische Regelmäßigkeit besitzt und im Gegensatz zu den stereoregulären Polymeren, die zu kristallisieren vermögen, völlig amorph ist, bezeichnete Natta mit ataktisch.

In den Tabellen 3 und 4 sind die Schmelztemperaturen und soweit bekannt, die Umwandlungstemperaturen zweiter Ordnung von stereoregulären Polymeren von α-Olefinen mit linearen und verzweigten Seitenketten wiedergegeben, die mit metallorganischen Mischkatalysatoren

Tabelle 3. *Schmelztemperaturen und Glastemperaturen polymerer α-Olefine mit linearen Seitenketten*

Polymere	Kristalliner Schmelzpunkt Tm	Umwandlungspunkt zweiter Ordnung (Glastemp.) °C
Polyäthylen	137	— 122
Polypropylen	173	— 20
Poly-buten-(1)	128 (rho)	— 25
	(tetragon)	— 43
Poly-penten-(1)	80	— 40
Poly-hexen-(1)	— 55	—
Poly-hepten-(1)	— 40	—
Poly-octen-(1)	— 38	— 65
Poly-nonen-(1)	19	—
Poly-decen-(1)	34	—
Poly-dodecen-(1)	45	—
Poly-tetradecen-(1)	58	—
Poly-pentadecen-(1)	54	—
Poly-hexadecen-1()	68	—
Poly-heptadecen-(1)	63	—
Poly-octadecen-(1)	74	—
Poly-nonadecen-(1)	72	—
Poly-eicosen-(1)	84	—

Tabelle 4. *Schmelztemperaturen polymerer α-Olefine mit verzweigten Seitenketten*

Polymere	Kristalliner Schmelzpunkt Tm
Poly-3-methyl-buten-(1)	300
Poly-4-methyl-penten-(1)	253
Poly-4-methyl-hexen-(1)	188
Poly-5-methyl-hexen-(1)	130
Poly-4,4-dimethyl-penten-(1)	350
Poly-5-methyl-hepten-(1)	52
Poly-6-methyl-hepten-(1)	180
Poly-4,4-dimethyl-hexen-(1)	350

des Ziegler-Typs dargestellt werden konnten. Die stereoregulären Formen mit vollkommener Raumsymmetrie der Substituenten vermögen zu kristallisieren — das isotaktische Polypropylen weist einen Kristallinitätsgrad von 55 bis 65% auf — während die stereo-irregulären, ataktischen Formen völlig röntgenamorph sind.

Die ersten drei Polymeren der Tabelle 3, Polyäthylen, Polypropylen und Polybuten-(1) sind technische Großprodukte geworden. Einmal sind die Monomeren leicht zugänglich und billig, andererseits erschließen die physikalischen Eigenschaften der Polymeren, Schmelzpunkte, Festigkeit, Härte u.a. ihnen ausgedehnte Anwendungsbereiche.

Bei den Polymeren der Tabelle 4, die verzweigte Seitenketten besitzen, fallen die für Kohlenwasserstoffe hohen Schmelzpunkte auf. Die reguläre geometrische Anordnung der mehr oder wenig voluminösen, nicht selbst kristallisierenden Substituenten entlang der Polymerkette zwingt diese in eine bevorzugte Konformation relativ hoher Stabilität, und es entstehen kristalline Phasen hoher Gitterordnung. Die hohen Schmelztemperaturen dieser polymeren Kohlenwasserstoffe sind technisch interessant, jedoch wird von diesen bisher nur das Poly-4-methylpenten-(1) in technischem Maßstab dargestellt. Das Monomere läßt sich auf einfachem Wege durch Dimerisation des Propylens an metallorganischen Katalysatoren darstellen.

Die Parameter, welche bestimmend für die mechanischen Eigenschaften der Polymeren sind, wie sterische Konfiguration, Kristallinität, Molekulargewicht, Molekulargewichtsverteilung [44] u.a. lassen sich durch Veränderung in der Zusammensetzung und der Struktur der zur Polymerisation verwendeten Katalysatoren beeinflussen. Weiterhin lassen sich Polymervarianten in großer Zahl durch Copolymerisation eines oder mehrerer α-Olefine darstellen. Aber auch hier ist mit der Variation der

Katalysatorsysteme die Möglichkeit gegeben, gewünschte Eigenschaften der Polymeren einzustellen. So wurden große Anstrengungen darauf verwandt, die Stereospezifität der Katalysatorkomplexe bei gleichzeitiger hoher Polymerisationsaktivität zu erhöhen.

5. Struktur des Katalysators und katalytische Wirksamkeit

Bei der Polymerisation von α-Olefinen, $R \cdot CH = CH_2$, mit metallorganischen Katalysatorkomplexen der Übergangselemente sind die Übergangselementkomponenten, $TiCl_3$, VCl_3 etc. bestimmend für die sterische Konfiguration des Polymeren. Für einen überwiegenden Anteil dieser Polymerreaktionen werden Titanchloride als Komponente verwandt. Aus diesem Grund sollen hier vorwiegend metallorganische Mischkatalysatoren mit Titan als Komponente betrachtet werden.

Im Aufbau der bisher bekannten vier Modifikationen des Titan(III)-chlorids, (α- [45]), β-, γ- und δ-Form [46] bilden die voluminösen Cl-Ionen (Ionenradius 1,81 Å) eine dichteste Kugelpackung, in deren Oktaederlücken die Ti^{3+} Ionen (Ionenradius 0,69 Å) eingelagert sind. In Abb. 6 ist eine solche besetzte Oktaederlücke gezeichnet [47].

In den α-, γ- und δ-Modifikationen sind je zwei benachbarte und übereinanderliegende Schichten der Cl-Kugelpackung durch besetzte Oktaederlücken zusammengehalten. Diese Schichtpakete — Cl-Schicht,

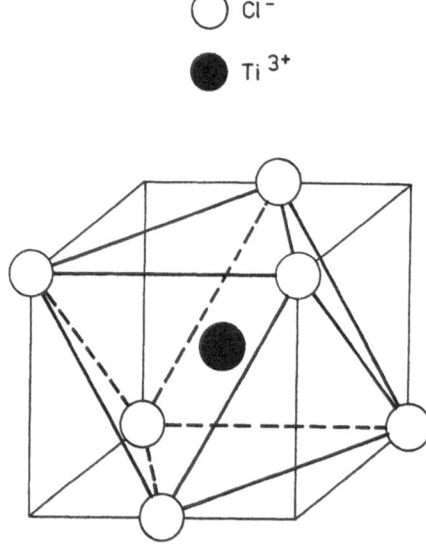

Abb. 6. Dichteste Kugelpackung der Cl-Ionen, Ti^{3+} in der Oktaederlücke

Ti^{3+} in Oktaederlücken, Cl-Schicht — sind bei den α-, γ- und δ-Modifikationen übereinandergestapelt. Bei der α-Modifikation bilden die Cl-Schichten eine hexagonal dichteste Kugelpackung (Schichtfolge ABABAB ....) und bei der γ-Modifikation eine kubisch dichteste Kugelpackung (ABCABCABC....). Bei der δ-Modifikation ist die Schichtfolge statistisch (ABABCBC), die als eindimensionale Lagenfehlordnung bezeichnet wird. Im Gegensatz hierzu besitzt die β-Modifikation eine *Faserstruktur*, in welcher die besetzten Oktaederlücken in einer Säule übereinanderliegen, umgeben von 6 Säulen unbesetzter Oktaederlücken. Die Cl-Ionen bilden dabei eine hexagonal dichteste Kugelpackung.

Die violette α-Modifikation entsteht bei hohen Temperaturen (800 bis 900 °C) durch Reduktion mit H_2 [45], das ebenfalls violette γ-$TiCl_3$ läßt sich aus der braunen β-Modifikation durch Erhitzen auf 250—300 °C darstellen. Das β-$TiCl_3$ selbst kann bei Zimmertemperatur, z.B. durch Zersetzung von $CH_3 TiCl_3$ in Kohlenwasserstoffen, gewonnen werden [46]. Durch längeres Mahlen von α- oder γ-$TiCl_3$ erhält man das fehlgeordnete δ-$TiCl_3$ [46].

In den Ziegler-Katalysatoren, die durch Umsatz von Titantetrachlorid mit aluminiumorganischen Verbindungen dargestellt werden, können, je nach Zusammensetzung und Herstellungsbedingungen, wie Temperatur, Konzentration etc., entweder eine, aber auch mehrere der genannten Konfigurationen des $TiCl_3$ im metallorganischen Mischkatalysator Ti/Al enthalten sein. In fast allen findet man $AlCl_3$ als Komponente. $AlCl_3$ besitzt einen dem α-$TiCl_3$ ähnliche Kristallbau. Die Cl-Ionen bilden eine hexagonal dichteste Kugelpackung. Je zwei aufeinanderfolgende Cl-Schichten sind durch Al^{3+}-Ionen in Oktaederlücken verbunden. Die Anordnung der besetzten Oktaederlücken führt zu einer anderen Raumgruppe als beim α-$TiCl_3$ [48].

Die Ähnlichkeit des Bauprinzips läßt vermuten, daß Ti in den Titan-III-chloriden bis zu einem relativ hohen Prozentsatz durch Al ersetzt werden kann, ohne daß ein $AlCl_3$-Gitter auftritt. Röntgenogramme von Präparaten, die mit einem Philips-Zählrohr-Goniometer (Cu—Kα-Strahlung), aufgenommen waren und bei denen bis zu 25% der Kationen Al war, bestätigten diese Vermutung. Die bei $AlCl_3$ zu erwartenden Linien traten nicht auf [49].

G. Natta et al. [50] untersuchten die Stereospezifität der α-, γ- und δ-Modifikation am Beispiel der Propylen-Polymerisation und fanden Unabhängigkeit vom speziellen Typ, gleichgültig ob $AlCl_3$ im Kristallgitter des $TiCl_3$ enthalten war oder nicht und schlossen daraus, daß die aktiven Zentren im wesentlichen vom gleichen Typ sind und daß die Änderung ihrer Anzahl lediglich eine Änderung der Polymerisationsgeschwindigkeit verursacht. Eigene Untersuchungen an der reinen β-Form, die durch stille elektrische Entladung aus Titantetrachlorid und

Wasserstoff gewonnen wurde, zeigten, daß bei sehr niedriger Aktivität ebenfalls nur eine sehr geringe Stereospezifität bei der Propylen-Polymerisation erreicht wird.

Die β-Form des $TiCl_3$ kann durch zweistündiges Erhitzen auf 300 bis 400 °C im Vakuum in die α-Form überführt werden [51]. Hierbei nimmt die Stereospezifität mit dem Ansteigen des α-Gehaltes zu. Die Forderungen, die an Katalysatorsysteme gestellt werden, die industrielle Verwendung finden, sind naturgemäß neben einer hohen Stereospezifität eine möglichst hohe Polymerisationsaktivität. Hier zeigte es sich, daß Katalysatorsysteme, welche in der Hauptsache aus der δ-Form des $TiCl_3$ bestehen, diese beiden Forderungen erfüllen [52]. Für die Ausbildung der δ-Form ist die Art und Menge der zum Umsatz Ti(IV) → Ti(III) verwendeten aluminiumorganischen Verbindung von Bedeutung. Bei Verbindungen mit wachsender C-Atomzahl fällt die Stereospezifität der damit hergestellten Katalysatoren.

Ziegler-Ti(III)-chlorid-Katalysatoren, die bei genügend hoher Aktivität eine ausgezeichnete Stereospezifität aufweisen und durch Reduktion von Ti(IV)-chlorid mittels metallischem Aluminium dargestellt werden und ~25% $AlCl_3$ in fester Lösung enthalten, sind im Handel erhältlich. Bei den Systemen, die durch Umsatz von $TiCl_4$ mit metallorganischen Verbindungen, vorwiegend Aluminiumalkylen oder Chloraluminiumalkylen hergestellt werden, stellt man eine hohe Eigenaktivität fest, da die polymerisationsaktiven Zentren, Ti—C-Bindungen, bereits bei der Herstellung gebildet werden. Ferner können durch Wahl der Reaktionsbedingungen beliebige Katalysatorstrukturen (Teilchenform etc.) eingestellt werden.

Durch den Zusatz „dritter Stoffe", z. B. Elektronendonatoren wie Lewis-Basen u. a., läßt sich die Stereospezifität eines Katalysatorsystems erhöhen. So erhielten H. W. Coover und F. B. Joyner [53] durch den Zusatz von Verbindungen der allgemeinen Formel $P(O)Y_3$, PY_3, $RC(O)Y$ und $YC(CH_2)_nC(O)Y$, wobei Y = Alkylamin ($-NR_2$), oder Alkoxy ($-OR$) und R einen Alkylrest mit 1 bis 4 C-Atomen bedeutet und n die Werte 1 bis 8 besitzen kann, z. B. Tris-N-dimethyl-phosphorsäureamid zu Ziegler-Typ-Katalysatoren ein Polypropylen besonders hoher Dichte und hohen Kristallinitätsgrades. Durch Zusatz von Elektronen-Donatoren lassen sich ferner Kombinationen von Monoalkyldihalogenaluminium und Titantrichlorid aktivieren, mit denen allein man α-Olefine nicht polymerisieren kann.

Mit diesen Systemen lassen sich Polymere der höchsten, bisher bekannten Stereoregularität herstellen [54].

Über die Wirkungsweise der Elektronen-Donatoren ist bisher wenig bekannt. Die Ausbildung von Komplexen mit der aluminiumorganischen Verbindung scheint der erste Schritt zu sein. J. Boor [55] nimmt jedoch gleichfalls eine Wechselwirkung mit der Titan-Komponente an. Von den Zentren mit unterschiedlicher Aktivität und Stereospezifität werden die weniger stereospezifischen durch Addition des Elektronen-Donators inaktiviert, die Polymerisationsaktivität sinkt, während die Stereospezifität ansteigt. Die Stereospezifität ist verbunden mit der sterischen Umgebung eines aktiven Zentrums des Katalysatorkristallgitters. A. A. Korotkow und Li Tsun-tschan [51] weisen darauf hin, daß Kristalldefekte des TiCl$_3$ verantwortlich für die Bildung eines stereoirregulären (ataktischen) Anteils der Polymeren sind.

6. Regelung des Molekulargewichtes

E. J. Vandenberg [56] fand, daß Molekulargewichte der α-Olefinpolymeren durch den Zusatz von Wasserstoff bei der Polymerisation geregelt (erniedrigt) werden können. Von A. S. Hoffmann et al. [57] konnte in Versuchen mit Wasserstoff, der mit Tritium markiert war, gezeigt werden, daß kein merklicher Tritium-Einbau in die Polymeren durch Austauschreaktion eintritt. Der Wasserstoff wird sehr wahrscheinlich in einer Abbruchreaktion, unter gleichzeitiger Katalysator-Hydridbildung endständig in die Polymerkette eingebaut. Das Tritium-Verfahren wurde ferner beim Poly-4-methylpenten-(1) zur Ermittlung des Molekulargewichtes benutzt. Es besteht Korrelation der so ermittelten Molekulargewichte mit den Viscositätszahlen.

7. Mechanismus der stereospezifischen Polyreaktion der α-Olefine

Über den Mechanismus der Polymerisation mit metallorganischen Mischkatalysatoren oder Koordinationskatalysatoren, wie sie ebenfalls genannt werden, des Ziegler-Typs, sind theoretische Vorstellungen in großer Zahl veröffentlicht worden. Die anfänglich rein spekulativen Diskussionen sind nach und nach durch experimentelle Befunde untermauert worden, so daß die Faktoren, welche den Reaktionsablauf zu beeinflussen vermögen, mehr und mehr bekannt sind. Es würde über den Rahmen dieser Abhandlung hinausgehen, eine erschöpfende literarische Übersicht über diese Entwicklung zu geben; es soll aber versucht werden, anhand einiger kennzeichnender Beispiele den heutigen Wissensstand darzustellen.

C. D. Nenitzescu [58] formulierte einen radikalischen Polymerisationsablauf:

$$RTiCl_3 \longrightarrow TiCl_3 + R\cdot .$$

Durch das Alkylradikal soll die Polymerisationsreaktion gestartet werden. Dieser Ablauf ist unwahrscheinlich, denn die gebildeten Alkylradikale werden mit Sicherheit vom Reaktionsmedium, aliphatische oder aromatische Kohlenwasserstoffe, in welchem das zu polymerisierende Olefin in großer Verdünnung vorliegt, abgefangen und unwirksam gemacht.

F. Patat und H. Sinn [59)] diskutierten einen Mechanismus der Polymerisation mit Ziegler-Katalysatoren an Komplexen bestimmter Bauart, die Elektronenmangelbindung aufweisen (*electron deficient complex*). Im Gegensatz zu den radikalisch initiierten Polymerisationen, bei denen das Polymermolekül am Ende der Polymerkette wächst, tritt hier das Monomermolekül in einen Metallkomplex ein, in welchem ein durch Elektronenmangel gekennzeichneter Bindungstyp stabilisiert vorliegt. Einen ähnlichen Mechanismus nehmen W. L. Carrick et al. [60)] an. Sie beschreiben eine Polymerisation unter Öffnung der Me—C-Bindung am Ti-Atom.

H. Uelzmann [61)], F. Eirich u. H. Mark [62)], N. Friedlander u. K. Oita [63)] und G. Natta [64)] postulierten anionische Mechanismen mit Titan- und Aluminium-Ionen. In den theoretischen Vorstellungen, die von G. Bier [65)], A. Gumboldt u. H. Schmidt [66)] entwickelt wurden, findet man eine formale Ähnlichkeit des Mechanismus mit dem der Aufbaureaktion, der von G. Natta [23)] beschrieben worden war. Sie postulierten ein Kettenwachstum am Aluminium-Ion. In Abb. 7 ist dieser Mechanismus wiedergegeben.

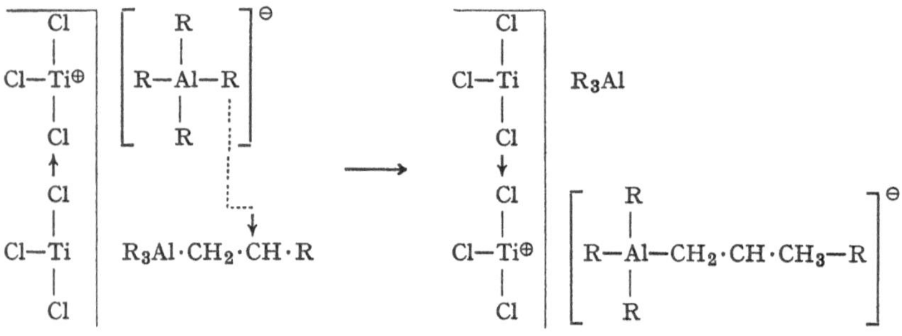

Abb. 7. Reaktionsmechanismus der Olefinpolymerisation an Ti/Al-Katalysatoren [65,66)].

Das $(TiCl_3)^{\oplus}$-Kation und das $(AlR_4)^{\ominus}$-Anion bilden den wirksamen Komplex. Beim Zerfall des Aluminat-Anions entstehen ein AlR_3-Molekül und ein Carbanion, das mit einem $TiCl_3$-Kation, vermutlich über eine metallorganische Titanverbindung $RTiCl_3$, reagiert, aus der wiederum, weil sie instabil ist, $TiCl_3$ entsteht. An der elektronenreichen $TiCl_3$-Oberfläche tritt Polarisation der Al—C-Bindungen ein (Eigene IR-Messungen an Aluminiumdiäthylchlorid-Propylen-Lösungen alleine zeigten keine Polarisation bzw. Aufhebung der Doppelbindungen). Der Titan-Aluminiumkomplex reagiert mit dem Carbanion, das entweder aus dem Zerfall des Aluminat-Anions $(AlR_4)^{\ominus}$- oder des $RTiCl_3$ stammt.

$$(AlR_4)^{\ominus} \longrightarrow AlR_3 + R^{\ominus}$$

$$RTiCl_3 \longrightarrow TiCl_3 + R^{\ominus}$$

Das Carbanion lagert sich an die elektronen-verarmte Seite des Komplexes an und aus der Olefin-Additionsverbindung entsteht ein Aluminat-Ion; die olefinische Doppelbindung ist aufgehoben, der erste Polymerisationsschritt hat stattgefunden. Der Vorgang der Katalyse ist also durch die *Verschiebbarkeit des Elektrons der Titan-Seite* begründet. Ti-Verbindungen niedriger Wertigkeit sind Halbleiter und ein Elektronenwechsel von Ti zu Ti ist in einem Kristallgitter möglich. Die genannten Autoren weisen auf Zusammenhänge der Morphologie des Katalysators, wie Kristallform, Ausgeprägtheit der kristallinen Bereiche etc., sowie die Stereospezifität der Polyreaktion hin.

P. Cossee [35] und mit ihm E. J. Arlmann [67] postulieren im Gegensatz zu den im vorhergehenden Absatz beschriebenen „bimetallischen" Mechanismen einen „*monometallischen*" *Reaktionsablauf* und definieren ein aktives Zentrum als ein Titan-Ion in der Oberfläche des Kristallgitters des $TiCl_3$, in der ein Cl-Atom durch eine Alkylgruppe ersetzt und ein benachbartes Cl-Atom vollständig entfernt ist (Cl-Fehlstelle). Das Aluminiumalkyl dient lediglich zur Reduktion und zur Alkylierung des Titanhalogenids.

In Abb. 8 ist die Alkylierungsreaktion des pentacoordinierten Titan-Ions schematisch wiedergegeben.

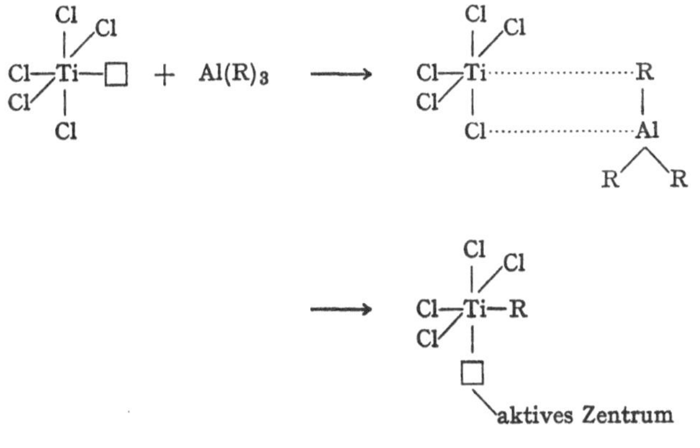

Abb. 8. Alkylierungsreaktion und Ausbildung des aktiven Zentrums an Ti-Katalysatoren (nach E. J. Arlmann und P. Cossee)

Die Forderung der Elektroneutralität, die für unvollständig coordinierte Titan-Ionen im Schichten-Aufbau (siehe auch S. 318) des TiCl$_3$-Kristalls erfüllt sein muß, bedeutet, daß Cl-Fehlstellen in der Kristalloberfläche vorhanden sein müssen. Die Zahl dieser Fehlstellen, die von E. J. Arlmann [68,69] für Kristalle von 1 μ zu $1,4 \cdot 10^{-3}$ Äquivalente/Mol TiCl$_3$ berechnet wurde, liegt in der gleichen Größenordnung wie die Zahl der aktiven Stellen eines TiCl$_3$-Kristalls ähnlicher Größe, die von G. Natta [70] experimentell unter Verwendung von ^{14}C-markierten aluminiumorganischen Verbindungen zu $C^* = 6,3 \cdot 10^{-3}$ Äquivalenten/Mol TiCl$_3$ bestimmt wurde.

In Abb. 9 ist der Reaktionsmechanismus aufgezeichnet, wie ihn E. J. Arlmann und P. Cossee vorschlagen [67].

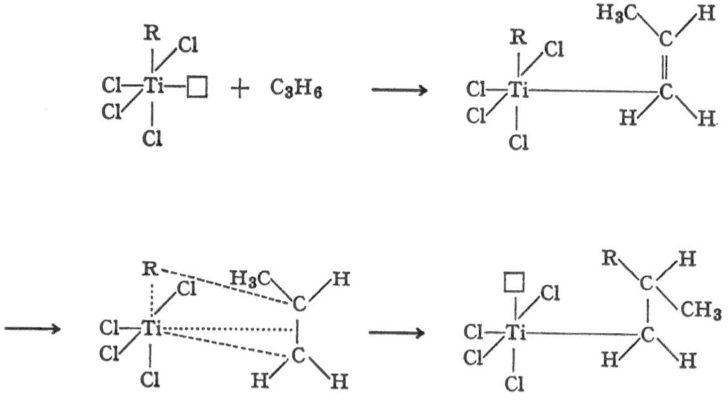

Abb. 9. Erster Schritt der Polymerisationsreaktion nach E. J. Arlmann und P. Cossee

Die Autoren postulieren, daß ein Kettenwachstum am alkylierten, pentacoordinierten Titan-Ion durch Komplexierung des Olefins (Propylen) nur erfolgt, wenn die C=C-Doppelbindung *parallel zur Ti—C-Bindung liegt*. Von den vier möglichen Stellungen, in die das Monomermolekül (Propylen) in die Katalysator-Cl-Fehlstelle eintreten kann, scheiden aus sterischen Gründen drei aus, wie es in Abb. 10 verdeutlicht wird.

Es verbleibt demnach praktisch nur eine Möglichkeit des Eintritts des Propylen-Moleküls in die Oktaederlücke, das heißt die CH$_2$-Gruppe ist in das Kristallgitter hinein ausgerichtet, während die voluminösere CH$_3$-Gruppe herausragt. Die Orientierung des Monomeren ist dadurch vollkommen. Das Kettenwachstum beginnt unter Wanderung der Alkylgruppe, Ausbildung einer neuen Fehlstelle und Bildung einer neuen Alkylgruppe, die um eine Monomereinheit vergrößert und an das Titan gebunden ist. Das nächste Monomermolekül wird wiederum in der neugebildeten Fehlstelle fixiert und der Vorgang wiederholt sich, so daß die Fehlstelle wieder den ursprünglichen Platz im Kristallgitter einnimmt. Hiermit wird der sterisch geordnete Aufbau und die Kopf-Schwanz-Anordnung der Polymerkette zwanglos gedeutet.

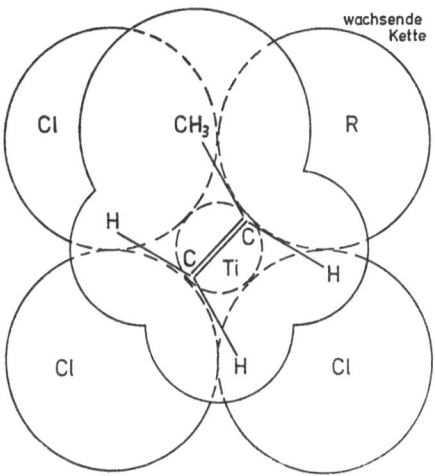

Abb. 10. Erster Polymerisationsschritt des Propylens an einem aktiven Zentrum des Titan-Katalysators. Das Propylen-Molekül ist senkrecht auf die RTiCl$_3$-Ebene projiziert. (Van der Waalssche Bereiche nach E. J. Arlmann und P. Cossee)

IV. Schluß

Die beschriebenen Katalysatorsysteme, welche heute unter dem Begriff „Ziegler-Natta-Katalysatoren" zusammengefaßt werden und aus Umsetzungsprodukten von Übergangselementverbindungen mit metallorganischen Verbindungen, insbesondere denjenigen der 1.–3. Haupt- und Nebengruppen des Periodensystems der Elemente gebildet werden, oder auch nur aus Organometallverbindungen der Übergangselemente, beispielsweise Organometallderivaten des Titans bestehen, gewinnen ständig wachsende Bedeutung zur Darstellung von neuartigen Polymeren durch Copolymerisation zweier oder mehrerer α-Olefine. Hier ist eine *große Variationsbreite* in der Art des Aufbaues der Makromoleküle gegeben. Die Monomeren können unregelmäßig verteilt oder in regelmäßiger Verteilung einzeln oder in Blöcken in das Polymermolekül eingebaut werden, wobei die Blöcke außerdem noch im sterischen Aufbau gleich oder verschieden sein können.

Neben den Copolymeren hoher Kristallinität, deren Eigenschaften durch Menge und Art der Cokomponenten sowie die Art des Einbaues in die Polymerkette und durch die Zusammensetzung der Katalysatorsysteme beeinflußt werden — hier werden gewöhnlich binäre oder ternäre Systeme des Titans als Katalysatoren verwandt — haben auch völlig amorphe Copolymere des Äthylens und Propylens, auch als Terpolymere mit mehrfach ungesättigten Kohlenwasserstoffen, technische Bedeutung erlangt. Diese amorphen Copolymeren besitzen elastomere Eigenschaften und ausgezeichnete Alterungsbeständigkeit. Als Katalysatorsysteme für die Darstellung dieser amorphen Varianten werden in der Hauptsache „homogene" Katalysatoren, d. h. solche Umsetzungsprodukte, insbesondere des Vanadiums mit Organometallverbindungen verwandt, die im Polymerisationsmedium gelöst vorliegen. Das Copolymere fällt ebenfalls gelöst oder gequollen an.

Aus der großen Anzahl von Kombinationsmöglichkeiten von Organometallverbindungen mit Verbindungen der Übergangselemente haben sich ebenfalls einige als geeignet zur Darstellung von Diolefin-Polymeren mit definierter sterischer Konfiguration hoher Reinheit erwiesen.

Das Gebiet der metallorganischen Katalyse der Polymerreaktion ein- und mehrfach ungesättigter Kohlenwasserstoffe hat sich als äußerst fruchtbar gezeigt und hat die Technik der Darstellung von makromolekularen Substanzen bisher in ungeahntem Maße bereichert. Es ist zu erwarten, daß die vielfältigen Möglichkeiten zur Darstellung makromolekularer Verbindungen, welche in diesen Katalysatorsystemen enthalten sind, auch weiterhin neue und interessante Ergebnisse zeitigen werden.

V. Literatur

[1] Ziegler, K.: Nobel-Vortrag vom 12. Dez. 1963.
[2] — Holzkamp, E., Breil, H., Martin, H.: Angew. Chem. 67, 541 (1955).
[3] Friedrich, M. E. P., Marvel, C. S.: J. Am. Chem. Soc. 52, 376 (1930).
[4] Harwood, J. H.: Ind. Chemist 36, 74—76 (1960).
[5] Ziegler, K.: Angew. Chem. 64, 323 (1952).
[6] — Krupp, F., Zosel, K.: Liebigs Ann. Chem. 629, 241 (1960).
[7] Zosel, K.: Brennstoff-Chem. 41, 321 (1960).
[8] Pauling, L.: J. Am. Chem. Soc., 54570 (1932).
[9] Moeller, T.: Inorganic Chemistry, S. 163. New York: J. Wiley & Sons 1952.
[10] Ahrens, L. H.: Geochim. Cosmochim. Acta 2, 155 (1952).
[11] Morton, A. A., Grovenstein, E.: J. Am. Chem. Soc. 74, 5435 (1952).
[12] — Taylor, L. D.: J. Polymer Sci. 38, 7 (1959).

13) Williams, J. L. R., et al.: J. Am. Chem. Soc. 78, 1260 (1956); 79, 1716 (1957).
14) Wittig, G., Meyer, F. J., Lange, G.: Liebigs Ann. Chem. 571, 167 (1951).
15) Hein, F., Schramm, H.: Z. Physik. Chem. 151, 234 (1930).
16) Hoffmann, E. G.: Liebigs Ann. Chem. 629, 104 (1960).
17) Bamford, C. H., Levi, D. L., Nevitt, D. M.: J. Chem. Soc. 91, 468 (1946).
18) McCoy, C. R., Allred, A. L.: J. Am. Chem. Soc. 84, 912 (1962).
19) Kohlrausch, K. W. F., Wagner, J.: Z. Physik. Chem. 52, 185 (1942).
20) Pitzer, K. S., Sheline, R. K.: J. Chem. Phys. 16, 552 (1948).
21) Lewis, P. H., Rundle, R. E.: J. Chem. Phys. 21, 986 (1953).
22) Bonitz, E.: Chem. Ber. 88, 742—63 (1955).
23) Natta, G.: Ricerca Sci., Suppl. 28 (1958). Stereoregular Polymers and Stereo-
    specific Polymerizations. Pergamon Press, Symposium Publications Division
    (1967).
24) Ziegler, K., Gellert, H. G.: Liebigs Ann. Chem. 567 (1950).
25) — Holzkamp, E., Breil, H., Martin, H.: Angew. Chem. 67, 541 (1955).
26) DBP 973626 (1953); Ziegler, K., et al.: (Pionierpatent).
27) Natta, G., et al.: Makromol. Chem. 16, 213 (1955). Angew. Chem. 67, 430
    (1955); 68, 393, 615 (1956); 69, 213 (1957). J. Polymer Sci. 16, 143 (1955);
    20, 251 (1956); 25, 118 (1957); 26, 120 (1957); 34, 21 (1959).
28) Gaylord, N. G., Mark, H. F.: Linear and stereoregular addition polymers. New
    York: Interscience Publishers 1959.
29) Ziegler, K., Martin, H.: Makromol. Chem. 18/19, 186 (1956).
30) Sommer, S., Wagner, S., Ebner, H.: Kunststoffe 49, 500—502 (1959).
31) Frankel, M., Rabani, J., Zilkha, A.: J. Polymer Sci. 28, 384 (1958).
32) Zilkha, A., Calderon, N., Frankel, M.: J. Polymer Sci. 33, 141 (1958).
33) — Ottolenghi, A., Frankel, M.: J. Polymer Sci. 39, 347 (1959).
34) Beermann, C., Bestian, H.: Angew. Chem. 71, 621 (1959).
35) Cossee, P.: Tetrahedron Letters 17, 12 (1960).
36) Kühlein, K., Clauss, K.: Polymerisation von Äthylen mit Methyltitantrichlorid
    und Methyltitandichlorid. Makromolekulares Kolloquium (27.—28.2.1969) der
    Universität Freiburg.
37) Ludlum, D. B., Anderson, A. W., Ashby, C. E.: J. Am. Chem. Soc. 80, 1380
    (1958).
38) van Heerden, C.: J. Polymer Sci. 34, 46 (1959).
39) Huggins, M. L.: J. Am. Soc. 66, 1991 (1944).
40) Alfrey, T., Bartovics, A., Mark, H. F.: J. Am. Soc. 65, 2319 (1943).
41) Schildknecht, C. E., et al.: Ind. Eng. Chem. 50, 107 (1958); 41, 1998 (1949);
    40, 2104 (1948).
42) Natta, G., et al.: J. Polymer Sci. 16, 143 (1955). Chim. Ind. (Paris) 38, 124
    (1956); 41, 968 (1959).
43) — J. Polymer Sci. 16, 143 (1955). Chem. Ind. (London) 47, 1520 (1957).
44) Gumboldt, A., Schmidt H.: Chemiker-Ztg. 83, 636 (1959).
45) Klemm, W., Krose, E.:. Z. Anorg. Allgem. Chem. 233, 209 (1947).
46) Natta, G., Corradini, P., Bassi, I. W., Porri, L.: Atti. Accad. Nazl. Lincei, Rend.
    Classe Sci. Fis. Mat. Nat. 24, 121 (1958). — Natta, G., Corradini, P., Allegra, G.:
    Atti. Accad. Nazl. Lincei, Rend. Classe Sci. Fis. Mat. Nat. 26, 155 (1959). —
    Natta, G., Corradini, P., Allegra, G.: J. Polymer Sci. 51, 399 (1961).
47) Unveröffentliche Mitteilung Dr. F. Lappe, Abt. für Angewandte Physik der
    Farbwerke Hoechst AG.
48) Ketelaar, J. A. A., Mac Gillavary, C. H., Renes, P. A.: Rec. Trav. Chim. 66, 506
    (1947).

A. Gumboldt

49) Unveröffentlichte Arbeiten von Dr. Herre und Dr. Lappe, Abt. für Angewandte Physik der Farbwerke Hoechst AG.
50) Natta, G., Pasquon, I., Zambelli, A.: J. Polymer Sci. *51*, 387—98 (1961).
51) Korotkow, A. A., Li Tsun-tschan: Wyssokomolekularjarnje Ssojedinenija *111*, 691 (1961).
52) Unveröffentlichte Untersuchungen, zusammen mit Dr. G. Seydel, Abt. für Angewandte Physik der Farbwerke Hoechst AG.
53) US-Patent 2956991, Eastman Kodak Comp. v. 18.10.1960 (31.3.1958).
54) Zambelli, A., Dipietro, J., Gatti, G.: J. Polymer Sci. A 1, 403 (1963).
55) Boor, J.: J. Polymer Sci. A 3, 995 (1965); *B 3*, 7 (1965).
56) US-Patent 3051690, Hercules Powder Company v. 28.8.1962.
57) Hoffmann, A. S., Fries, B. A., Condit, P. C.: J. Polymer Sci. *C 1*, 109 (1963).
58) Nenitzescu, C. D., et al.: Angew. Chem. *68*, 438 (1956).
59) Patat, F., Sinn, H.: Angew. Chem. *70*, 496 (1958).
60) Carrick, W. L., Carol, F. J., Karapinka, G. L., Smitz, J. J.: J. Am. Chem. Soc. *82*, 1502 (1960).
61) Uelzmann, H.: J. Polymer Sci. *32*, 457 (1958).
62) Eirich, F., Mark, H.: J. Colloid Sci. *11*, 748 (1956).
63) Friedlander, N., Oita, K.: Ind. Eng. Chem. *49*, 1885 (1957).
64) Natta, G.: J. Inorg. Nucl. Chem. *8*, 589 (1958).
65) Bier, G.: Kunststoffe *48*, 354 (1958).
66) Gumboldt, A., Schmidt, H.: Chemiker-Ztg. *83*, 636 (1959).
67) Arlmann, E. J., Cossee, P.: J. Catalysis *3*, 99 (1964).
68) — J. Polymer Sci. *62*, 30 (1962).
69) — J. Catalysis *3*, 89 (1964).
70) Natta, G.: J. Polymer Sci. *34*, 21 (1959).

Eingegangen am 5. Januar 1970.

Metallorganische Verbindungen als Katalysatoren zur Herstellung von Stereokautschuken

Dr. H. Weber

Chemische Werke Hüls AG, Marl

Inhalt

1. Vorbemerkung

Im folgenden wird die Synthese von Stereokautschuken beschrieben. Im engeren Sinne sind unter Stereokautschuken solche Kautschuke zu verstehen, die ähnlich wie der Naturkautschuk, das 1.4-cis-Polyisopren, einen *sterisch völlig regelmäßigen Bau* besitzen. Im weiteren Sinne kann man dazu auch Kautschuke zählen, die zwar keine regelmäßige Struktur aufweisen, bei denen aber der Katalysator die Polymerisationsschritte sterisch kontrolliert. So ist in diesem weiten Sinne beispielsweise auch ein Polybutadien ein Stereokautschuk, in welchem die 1.4-Anteile teils trans-, teils cis-mittelständige Doppelbindungen besitzen[1]. Kurz sollen auch die nicht sterisch reguliert polymerisierten, statistisch aufgebauten, amorphen, gesättigten und ungesättigten Äthylen-α-Olefin-Copolymeren besprochen werden, weil diese ebenfalls mit Hilfe metallorganischer Mischkatalysatoren hergestellt werden.

2. Einleitung

Die ältesten Verfahren zur Herstellung von Kautschuken mit Hilfe von metallorganischen Verbindungen gehen auf C. D. Harries [F. P. 434 989 (1910) und F. E. Mathews u. E. H. Strange E. P. 24 790 (1910) u. DRP 249 868 (1912)] zurück, welche konjugierte Diene mit Alkalimetallen als Katalysatoren polymerisierten. Wie noch gezeigt wird, bilden sich dabei *metallorganische (alkali-organische) Reaktionsprodukte*, über welche dann die Polymerisation läuft (Wachstumsreaktion). Aufbauend auf diesen Versuchen wurde in der früheren IG Farbenindustrie der „Zahlenbuna" entwickelt. Dazu wurde Butadien mit Hilfe von Natrium polymerisiert, woher der Name stammt: *Bu*tadien + *Na*trium. Als Reifenkautschuk setzte sich aber der Zahlenbuna nicht durch. Kurz vor dem Zweiten Weltkrieg kamen die nach dem Emulsionsverfahren mit Hilfe Radikaleliefernder Katalysatoren hergestellten Kautschuke, insbesondere Styrol-Butadien-Kautschuke auf den Markt. Diese stellen auch heute noch mengenmäßig den größten Teil der Synthesekautschuke[2].

Der Aufbau dieser SB-Kautschuke ist statistisch bezüglich der Verteilung von Styrol und Butadien; der Butadien-Anteil ist zu etwa 80% in 1.4-Stellung, der Rest in 1.2-Stellung polymerisiert[3].

In den 50er Jahren setzte die stürmische Entwicklung der Stereokautschuke ein. Zunächst einmal wurde ein großes Ziel, die Synthese des Naturkautschuks, des 1.4-cis-Polyisoprens, erreicht[4]. Es folgten eine Reihe Stereokautschuke auch auf Basis Butadien, von denen das 1.4-cis-Polybutadien schon einen beträchtlichen Anteil unter den Synthesekautschuken errungen hat[2].

3. Polymerisation und Copolymerisation konjugierter Diolefine mit metallorganischen Verbindungen

3.1. Mit alkali-organischen Verbindungen

Alkalimetalle setzen sich mit konjugierten Diolefinen zu alkali-organischen Verbindungen um, wobei in der ersten Stufe Radikal-Ionen gebildet werden [5], die sich in einer zweiten Stufe in der Regel zu Dianionen dimerisieren [6], Butadien beispielsweise:

$$Me + H_2C=CH-CH=CH_2 \longrightarrow Me^{\oplus}|\overset{\ominus}{C}H_2-CH=CH-CH_2 \cdot$$

$$2\,Me^{\oplus}|\overset{\ominus}{C}H_2-CH=CH-CH_2 \cdot \longrightarrow Me^{\oplus}|\overset{\ominus}{C}H_2-CH=CH-CH_2-CH_2-CH=$$
$$CH-\overset{\ominus}{C}H_2|Me^{\oplus}$$

Es bilden sich also aus Alkalimetallen alkali-organische Verbindungen. Unter geeigneten Bedingungen erhält man die Dianionen in hohen Ausbeuten. Sie können weitere Umsetzungen eingehen, beispielsweise bilden sich durch Carbonisierung Salze von Dicarbonsäuren [7].

Die mit dem Alkalimetall in der ersten Stufe aus dem Diolefin entstehenden Radikal-Anionen können auch direkt mit einem Alkalimetall reagieren und Dianionen bilden:

$$Me^{\oplus}|\overset{\ominus}{C}H_2-CH=CH-CH_2 \cdot + Me \longrightarrow Me^{\oplus}|\overset{\ominus}{C}H_2-CH=CH-\overset{\ominus}{C}H_2|Me^{\oplus}$$

K. Ziegler nahm zunächst an, daß dies immer der Fall sei. In der Tat trifft dies im Falle des Lithiums meist zu [8]. Mit Natrium wurden Dianionen aus einem Mol Diolefin nur im Falle des 2.3-Dimethylbutadiens nachgewiesen.

Die aus Alkalimetallen gebildeten alkali-organischen Verbindungen reagieren rasch mit eventuell im Reaktionsansatz vorhandenem Wasser, Sauerstoff oder Protonen liefernden Verbindungen, bevor sie eine Polymerisation auslösen können. So lassen sich die häufig beobachteten Latenzzeiten erklären [9]. Es wurde deshalb vorgeschlagen, außer den Alkalimetallen zusätzlich alkali-organische Verbindungen zur Polymerisation mit Diolefinen einzusetzen [10].

Auch bei der Umsetzung von Alkalimetallen mit *aromatischen Kohlenwasserstoffen*, wie Biphenyl oder Naphthalin, entstehen in Gegenwart von Äthern alkali-organische Verbindungen, die u.a. Butadien zu polymerisieren vermögen. Bei diesen stark farbigen Verbindungen handelt es sich um Radikal-Ionen. So bildet sich beispielsweise aus Naphthalin und

Natrium das blaue Natriumnaphthalin, ein Radikalanion [11], welches Butadien metalliert [12].

$$[naphthalene] + Na \longrightarrow \left[[naphthalene radical anion] \overset{|\ominus}{\underset{Na\ \oplus}{}} \longleftrightarrow [naphthalene radical anion]\ ^{\ominus}\ Na^{\oplus} \right]$$

$$[naphthalene radical anion]\ \underset{Na\ \overset{\ominus}{\oplus}}{} + C_4H_6 \longrightarrow [naphthalene] + Na^{\ominus}\ ^{\ominus}|CH_2-CH=CH-CH_2\cdot$$

Das aus Butadien entstehende Radikalanion dimerisiert zu einem Dianion, und so führt diese Art der Initiierung zu den gleichen alkali-organischen Verbindungen und in der Folge zu den gleichen Polymeren.

Wie alkali-organische Verbindungen verhalten sich in der Regel die *Hydride der Alkalimetalle* [13]. Sie lagern sich an konjugierte Diolefine an und bilden alkali-organische Verbindungen. Es bestehen daher bezüglich der Wachstumsreaktion und damit der Struktur der Polymeren keine grundsätzlichen Unterschiede zwischen Alkalimetallen, Alkalihydriden und alkali-organischen Verbindungen [14]. Zu beachten ist, daß bei der mit Alkalimetall gestarteten Polymerisation sich Dianionen bilden, die Polymeren also an beiden Enden wachsen.

Da sich aus Alkalimetallen sowie Alkalihydriden und Diolefinen alkali-organische Verbindungen bilden, welche die eigentlichen Polymerisationsinitiatoren sind, startet man in der Regel die Polymerisation meist direkt mit alkali-organischen Verbindungen.

Der Polymerisationsverlauf und die Eigenschaften der Polymeren hängen dabei stark von den alkali-organischen Verbindungen ab. In den lithium-organischen Verbindungen, die bis auf das Methyllithium in Kohlenwasserstoffen löslich sind, besitzt die Metall-Kohlenstoffverbindung überwiegend einen kovalenten Charakter, dagegen haben die übrigen alkali-organischen Verbindungen, die meist in Kohlenwasserstoffen unlöslich sind, Ionencharakter [15].

Aus diesem Grunde sind sowohl der Initiierungsschritt als auch die Wachstumsreaktion und deren sterische Kontrolle verschiedenartig und in vielen Fällen auch noch nicht geklärt [16].

3.1.1. Mit lithium-organischen Verbindungen

Für die Technik haben sich besonders die lithium-organischen Verbindungen als geeignete Polymerisationskatalysatoren erwiesen. Mit ihrer Hilfe werden sowohl 1.4-Polybutadien und Copolymere aus Butadien und Styrol als auch das 1.4-cis-Polyisopren in großen Mengen hergestellt. Auch Lithium wird in Patenten als Katalysator genannt. Wie schon gezeigt, bilden sich aus diesem mit den Diolefinen primär auch lithiumorganische Verbindungen [17].

Große Bedeutung kommt den Alkyllithium-Verbindungen zu, besonders dem *n-Butyllithium* [18]. Es ist aus n-Butylhalogeniden und Lithium sehr leicht zugänglich, weil bei dieser Umsetzung der zweite Schritt (2) der Wurtz'schen Synthese langsam verläuft und so die im ersten Schritt dieser Reaktion gebildete metallorganische Verbindung erhalten bleibt [18a].

$$H_3C-CH_2-CH_2-CH_2X + Li \longrightarrow H_3C-CH_2CH_2-CH_2-Li + LiX \quad (1)$$

$$H_3C-CH_2-CH_2-CH_2-Li + H_3C-CH_2-CH_2-CH_2X \longrightarrow$$
$$H_3C-(CH_2)_6-CH_3 + LiX \quad (2)$$

(X = Chlor, Brom, Jod)

In Kohlenwasserstoffen liegen die Alkyllithium-Verbindungen nur z.T. monomer, hingegen überwiegend assoziiert vor. So bildet das n-Butyllithium überwiegend ein Hexameres [19]. Man nimmt an, daß die monomeren Alkyllithium-Verbindungen, die mit den Assoziaten im Gleichgewicht stehen, die Polymerisation initiieren [20]. Es gibt aber Beobachtungen, wonach auch die Assoziate eine Polymerisation auslösen können [21].

Bei der Polymerisation wird der Mechanismus der Initiierung nur vom Lithium bestimmt, während der organische Rest der lithium-organischen Verbindungen die Geschwindigkeit der Initiierung beeinflußt [22].

Die Initiierung der Polymerisation konjugierter Diolefine besteht in der Anlagerung der lithium-organischen Verbindung. Diese Reaktion ist erster Ordnung in bezug auf das Monomer und den Initiator [23]. Beispielsweise bildet sich so aus Butadien und n-Butyl-lithium ein Butylbutenyllithium:

$$H_9C_4-Li + H_2C=CH-CH=CH_2 \longrightarrow H_9C_4-CH_2-CH=CH-CH_2-Li$$

Bei der Umsetzung des Butadiens mit sek. und tert. Butyllithium konnten diese 1:1 Addukte analytisch nachgewiesen werden [24].

Die Polymerisation verläuft dann entsprechend der zuerst von Ziegler formulierten Wachstumsreaktion [25]. Dieses Wachstum setzt sich fort, bis alle Monomeren verbraucht sind. Da bei niedrigeren Polymerisationstemperaturen keine Abbruchreaktionen stattfinden — die Abspaltung von Lithiumhydrid tritt dann normalerweise nicht ein —, bleiben die hochmolekularen Wachstumsprodukte polymerisationsaktiv. Es handelt sich wie erstmals von M. Szwarc erkannt wurde, um lebende Polymere (*living polymers*) [26]. Da keine Übertragungsreaktionen erfolgen, erhält man Polymere mit einer engen Molekulargewichtsverteilung (Poisson-Verteilung), sofern der gesamte Initiator zu Beginn vorliegt (*seeded polymerization*) [20] und sich nicht während der Polymerisation neu bildet. Diese Tatsache hat dann auch zur Folge, daß mit der Katalysatorkonzentration das Durchschnittsmolekulargewicht festgelegt wird [27] und das Durchschnittsmolekulargewicht linear mit dem Umsatz wächst. Die Stereochemie der Wachstumsreaktionen wird von der Art des Alkalimetalls und den Reaktionsbedingungen kontrolliert.

Butadien wird von Lithium und von Alkyllithium-Verbindungen in aliphatischen oder aromatischen Kohlenwasserstoffen bei Temperaturen unter 100 °C zu einem Polybutadien polymerisiert, welches etwa 10% Vinyl-Gruppen und etwa 90% mittelständige Doppelbindungen enthält, wovon etwas mehr als 50% in trans-, der Rest in cis-Stellung vorliegen [28]. Dieses Polybutadien wird *großtechnisch* hergestellt und ist in seinen anwendungstechnischen Eigenschaften dem 1.4-cis-Polybutadien mit cis-Anteilen von 98% vergleichbar. Ein Zusatz von Wasserstoff soll die Gelbildung in den Reaktoren unterdrücken [29].

Bei Zusatz von *Elektronendonatoren* tritt eine stärkere 1.2-Polymerisation ein, der Vinyldoppelbindungsanteil steigt [30]. U.a. erweisen sich Äther und Amine als geeignet. Von Diglykoldimethyläther (Diglyme) und Tetramethyläthylendiamin genügen schon Mengen im molaren Verhältnis zum Buthyllithium, um bei 30 °C Polymerisationstemperatur den 1,2-Anteil auf etwa 80% zu erhöhen. Es wird dabei auch eine starke Erhöhung der Polymerisationsgeschwindigkeit beobachtet [31].

Die Ursache dafür ist eine Komplexbildung der lithium-organischen Verbindungen mit dem Äther (Lewis-Base), wodurch die Li—C-Bindung ihren kovalenten Charakter verliert und mehr Ionencharakter annimmt. Wie Äther wirken auch Lithiumalkoholate [32] und Sauerstoff, der ja die lithium-organischen Verbindungen zu Lithiumalkoholaten oxidiert [33].

Man kann annehmen, daß so hergestellte Polybutadiene mit höheren 1.2-Anteilen in der Zukunft ebenfalls technisch hergestellt werden [34]. Die Kinetik der Butadien-Polymerisation untersuchten H. L. Hsieh u. W. H. Glaze [35].

Isopren wird von Lithium und Alkyllithium-Verbindungen bei Temperaturen unter 100 °C zu 1.4-cis-Polyisopren polymerisiert [36]. Die Synthese eines solchen Polyisoprens mit der Struktur des Naturkautschuks gelang erstmals bei der Firestone Tire & Rubber Co. [36a]. Technisch stellt Shell nach diesem Verfahren Polyisopren her.

Der 1.4-cis-Anteil der mit Lithium-Katalysatoren erhältlichen Polyisoprene ist mit etwa 94% niedriger als der des Naturkautschuks (98%),

aber auch etwas niedriger als der des mit Ziegler-Katalysatoren erhältlichen Polyisoprens (etwa 96%, vgl. 4.2.1). Bei höheren Polymerisationstemperaturen nimmt der 3.4-Anteil zu [37].

Bezüglich des Initiierungsschrittes und der Wachstumsreaktion gilt
das beim Polybutadien gesagte. Sinn et al. haben die Polymerisation des
Isoprens mit Butyllithium untersucht und festgestellt, daß ein langsamer
Initiierungsschritt (k_1) von einem raschen Wachstum (k_2) gefolgt wird [38].

$$Li-C_4H_9 + C_5H_8 \xrightarrow{k1} Li-C_5H_8-C_4H_9$$

$$Li-C_5H_8-C_4H_9 + nC_5H_8 \xrightarrow{k2} Li-(C_5H_8)_{n+1}-C_4H_9$$

Die hohe Stereospezifität des Wachstumsschritts wird mit der Existenz von 6-Ring-Komplexen unter Einbeziehung des Lithiums erklärt [39].

Bei sehr reinem Isopren unter strengem Ausschluß von Feuchtigkeit
konnte der 1.4-cis-Anteil bis auf 98% erhöht werden [40]. Auch im Falle
des Isoprens ändert sich die Struktur der Polymeren, wenn Elektronen-
donatoren zugegen sind. Es bilden sich Polymere mit höheren 3.4-
Anteilen. Wiederum ist die Ursache für die tiefgreifende Änderung im
Wechsel der kovalenten Li—C-Bindung zur ionischen Bindung zu suchen
[41]. Polyisoprene mit höheren 3.4-Anteilen lassen keine anwendungstechnischen Vorteile erkennen.

Piperylen (1.3-Pentadien), das neben Isopren in den C_5-Schnitten von
Steamcrackern vorkommt, kann mit Lithium und Alkyllithium-Verbindungen polymerisiert werden. Piperylen gibt eine ganze Reihe
sterisch verschiedener Polymerer, so das: 1.4-cis-, 1.4-trans-, 1.2-cis-,
1.2-trans- und 3.4-Polypiperylen. Die 1.2- und 3.4-Polypiperylene können
zusätzlich in einer isotaktischen, einer syndiotaktischen und einer ataktischen Form vorliegen. Von den beiden isomeren Piperylenen polymerisiert die trans-Form rascher [42]; beide Isomeren liefern Polymere mit cis-
und trans-Doppelbindungen. Dabei tritt in Kohlenwasserstoffen bevorzugt 1.4-Polymerisation ein (70—80%) [43]. Auch das technisch aus C_5-
Schnitten anfallende Gemisch von etwa $^1/_3$ cis-, $^2/_3$ trans-Piperylen gibt
Polymere dieser Struktur, wobei nicht bekannt ist, wie diese beiden
Isomeren in der Kette verteilt vorliegen [44]. — Technisch haben diese
Polymeren noch keine Bedeutung erlangt [45]. Das gleiche trifft auf

Polymere des 2.3-Dimethyl-1.3-butadien zu, das in Aliphaten 1.4-trans-Polymere liefert [46].

Technische Verwendung finden *Copolymere des Styrols und des Butadien*, die mit Hilfe von lithium-organischen Verbindungen hergestellt werden. Dabei muß man zwischen Copolymeren, bei denen die Monomeren weitgehend über die Kette verteilt sind, und Blockcopolymeren unterscheiden. Die letzteren gewinnt man nach dem Verfahren der Sequenzaddition, in dem entweder zuerst Styrol oder zuerst Butadien polymerisiert und die Polymerisation durch Zugabe jeweils des anderen Monomeren zu Ende geführt wird [12, 26].

Man kann weitgehend gleichartig gebaute Polymeren auch dadurch erhalten, daß man ein Gemisch der Monomeren, wie sie zum Schluß in den Polymeren vorliegen sollen, polymerisiert, denn das im Gemisch reaktionsfähigere Butadien polymerisiert fast vollständig vorweg, ehe das Styrol dann an die „lebende" Kette anpolymerisiert wird [47]. Diese Polymeren nehmen mit zunehmenden Styrol-Anteilen den Charakter von Thermoplasten an. Mit Gehalten von 20—25% Styrol geben sie Vulkanisate, die als Schuhsohlen, Kabelummantelung oder Fußbodenbeläge technisch brauchbar sind [48].

Startet man die Polymerisation mit Lithium oder einer bifunktionellen lithium-organischen Verbindung, beispielsweise

$$Li^{\oplus}[|\overset{\ominus}{C}H_2-CH-CH-\overset{\ominus}{C}H_2|]Li^{\oplus}$$
$$\underset{C_6H_5C_6H_5}{\phantom{Li^{\oplus}[|}||}$$

so erhält man *Dreiblock-Copolymere* vom Typ

$$(St)_m-(Bu)_n-(St)_m$$

bzw.

$$(Bu)_m-(St)_n-(Bu)_m \text{ [44]}.$$

In den Formeln sind die Initiatormoleküle, die in dem mittleren Block $-(Bu)_n-$ bzw. $-(St)_n-$ eingeschlossen sind, zur Vereinfachung weggelassen. Diese Polymeren mit einem Butadien-Innenblock vom Molekulargewicht 50 000—70 000 und Styrol-Außenblöcken vom Molekulargewicht 10 000—15 000 haben interessante physikalische und anwendungstechnische Eigenschaften. Bei Raumtemperatur verhalten sie sich wie elastische Vulkanisate, bei Temperaturen über 65 °C, wenn die assoziierten Styrol-Blöcke („domains"), die wie Vernetzungsstellen wirken, erweichen, nehmen sie den Charakter von Thermoplasten an.

Dieses Verhalten hat zur Bezeichnung *„thermoplastics"* bzw. *„elasto-plastics"* geführt [49].

Um Styrol- Butadien-Copolymere mit einer weitgehend *statistischen* Verteilung zu erhalten, muß man zunächst die Polymerisation mit einem Gemisch, das einen erheblich niedrigeren Butadien-Anteil enthält, starten, dann Butadien zugeben, so daß immer ein entsprechend großer Styrol-Überschuß vorhanden ist. Trotzdem bleibt es auch dann schwierig, sich einer statistischen Verteilung zu nähern und keine zu großen Butadien-Sequenzen zu bekommen. Immerhin werden auf diese Weise Lösungs-SB-Kautschuke mit Styrol-Anteilen von 20—25% hergestellt, die in ihren Eigenschaften den nach dem Emulsionsverfahren radikalisch hergestellten SB-Kautschuken entsprechen, sie in einigen Eigenschaften sogar übertreffen. Sie besitzen, wenn in Kohlenwasserstoffen polymerisiert wird, einen geringen Anteil von Vinylgruppen: 9% (Emulsions-SB-Kautschuke etwa 21% [3]). Es ist anzunehmen, daß ihr Marktanteil gegenüber dem Emulsions-SB-Kautschuk zunehmen wird [50].

Führt man die Polymerisation in Gegenwart von Elektronendonatoren (Äther, z. B. Tetrahydrofuran oder tert. Amine, z. B. Triäthylamin) durch, so verläuft sie rascher. Das Butadien wird überwiegend statistisch eingebaut, jedoch stärker in 1.2-Stellung. Ein so technisch hergestelltes Copolymeres wird von der Phillips Petroleum Comp. als Allzweckkautschuk hergestellt: ®Solpren 1204 mit 27% Vinylgruppen [51]. Neuerdings ist es gelungen, mit Kalium tert. butylat als „randomizer" das Styrol statistisch einzupolymerisieren, ohne daß die 1.2-Polymerisation des Butadiens stark zunimmt [52]. Auch Katalysatoren aus Lithiumalkylen und Natrium bzw. Kalium liefern Copolymere mit einer statistischen Verteilung und niedrigen 1,2-Anteilen des Butadiens [53].

3.1.2. Mit Natrium und natrium-organischen Verbindungen

Wie in der Einleitung erwähnt, spielte einige Zeit die Polymerisation von konjugierten Diolefinen mit Natrium eine technische Rolle. Die ersten wissenschaftlichen Untersuchungen wurden von Ziegler ausgeführt [54]. Die Polymerisation mit Natrium ist heterogen. Im langsamen Initiierungsschritt bilden sich, wie unter Abschnitt 3.1 gezeigt, natriumorganische Verbindungen; das weitere Kettenwachstum ist rasch. Deshalb war es zunächst schwierig, die Reaktion unter Kontrolle zu halten. Dies gelang schließlich mit Hilfe geeigneter Regler [55].

Wie die Struktur der mit Natrium in Abwesenheit von Lösungsmitteln erhaltenen Polybutadiene zeigt, überwiegt die 1.2-Polymerisation. Die Polymeren enthalten über 66% Vinyl-Gruppen. Der cis-Anteil der mittelständigen Doppelbindungen hängt von der Temperatur ab. Er nimmt mit steigender Temperatur zu. In Aromaten (Benzol, Toluol)

337

geht die 1.2-Polymerisation auf 32% zurück. Technisch haben diese Polymeren keine Bedeutung. Da natriumorganische Verbindungen (mit Alkylgruppen) salzartig und in Kohlenwasserstoffen unlöslich sind, sind sie als Polymerisationskatalysatoren wenig geeignet. Auch die von Szwarc untersuchten Natrium-Naphthalin-Komplexe, die in Tetrahydrofuran löslich sind, führen zu keinem technisch interessanten Polymeren [56]. Das gleiche gilt für die mit Hilfe von Natrium oder Kalium hergestellten 3,4-Polyisoprene [57].

Zu den natrium-organischen Katalysatoren zählen auch die *Alfin-Katalysatoren*, die von A. A. Morton entdeckt wurden [58]. Es sind Kombinationen aus Allylnatrium-Verbindungen, Natriumalkoholaten und Alkalimetallsalzen, beispielsweise von Allylnatrium, Natriumisopropylat und Natriumchlorid. Dieser letztere Kontakt entsteht bei der Umsetzung von Propylen und Isopropanol mit einer Alkylnatrium-Verbindung, z.B. Amylnatrium, das durch die Herstellung aus Amylchlorid oder -bromid und Natrium das erforderliche Alkalihalogenid mitbringt. Eine besonders einfache Darstellungsweise von Alfin-Katalysatoren wurde von Hansley und Greenberg entwickelt [59]. Morton nimmt an, daß der wirksame Katalysator folgende Struktur besitzt:

Ein guter Katalysator soll weniger als 1,5% freies Natrium enthalten [60].

Lange Zeit gelang es nicht, mit diesen Katalysatoren technisch brauchbare Polymere herzustellen; sie besaßen äußerst hohe Molekulargewichte. Jetzt kann man die Molekulargewichte mit Hilfe geeigneter Regler, beispielsweise 1.4-Dihydronaphthalin in gewünschter Weise einstellen [61]. Neuerdings werden u. a. cis-Hexadien-(1,4) und 3-Methylpentadien-(1,4) als Regler beansprucht [62]. Eine 25 000-jato-Anlage, die nach diesem Verfahren Alfin-Polybutadien produziert, wird von der Nippon Alfin Rubber Co. betrieben [63]. In seinem sterischen Aufbau unterscheidet sich das Alfin-Polybutadien nicht sehr stark von dem radikalisch polymerisierten Emulsionsbutadien:

| Polymer | Struktur in % | | |
	1.2	1.4-cis	1.4-trans
Alfinpolybutadien	17—22	<1	68—73
Emulsionspolybutadien	20	—	weitgehend trans

Es gelingt auch, mit Hilfe von Alfin-Katalysatoren Copolymere von Styrol und Butadien herzustellen [64].

3.1.3. Mit Kalium, Rubidium, Caesium und deren metallorganischen Verbindungen

Die Polymerisation von konjugierten 1.3-Diolefinen mit Kalium, Rubidium und Caesium bzw. deren organischen Verbindungen spielt ebenfalls keine Rolle. Die Reaktionsfähigkeit der Alkalimetalle nimmt in der Reihenfolge: Lithium, Natrium, Kalium, Rubidium, Caesium zu. In gleicher Reihenfolge nimmt die stereoregulierende Wirkung ab [65]. Aus den Tabellen geht der Einfluß auf den sterischen Bau von Polybutadienen und Polyisoprenen hervor.

Polybutadiene

Katalysator	Struktur in %		
	1.4-cis	1.4-trans	1.2
Lithium	35	52	13
Natrium	20	25	65
Kalium	15	40	45
Rubidium	7	31	62
Caesium	6	35	69

Polyisoprene

Katalysator	Struktur in %			
	1.4-cis	1.4-trans	1.2	3.4
Lithium	34,4	—	—	5,6
Natrium	—	43,0	6,0	51,0
Kalium	—	52,0	8,0	40,0
Rubidium	5,0	47,0	8,0	39,0
Caesium	4,0	51,0	8,0	37,0

Die Strukturunterschiede der Polymere sind also bis auf die mit Lithium polymerisierten gering, und sie hängen auch wenig vom Lösungsmittel ab. Nur bei Lithium-Katalysatoren ist der Einfluß des Lösungsmittels erheblich (vgl. 3.1.1.).

Legierungen der Alkalimetalle besitzen den Vorteil einer höheren Aktivität, z.B. die eutektische Kalium-Natrium-Legierung. Auch *Ein-*

schlußverbindungen aus Alkalimetallen und Graphit, insbesondere KC$_8$ sind als Katalysatoren vorgeschlagen worden [66].

3.2. Mit Erdalkalimetallen und ihren Verbindungen

Hierzu gehören auch die Grignard-Verbindungen (RMgX). Sie spielen jedoch nur in Kombination mit Übergangsmetallverbindungen (vgl. Abschnitt 4.1) eine Rolle. Über die Polymerisation des Isoprens mit *Barium* und *Strontium* berichteten Kistler, Friedmann und Kaempf [67]. Aus Isopren erhielten sie bei 40 °C Polyisoprene der folgenden Struktur:

Katalysator	Lösungsmittel	Struktur in %			
		1.2	3.4	1.4-cis	1.4-trans
Barium	n-Heptan	0	29	71	0
Barium	Toluol	0	31	57	12
Barium	Tetrahydrofuran	11	20	44	24
Strontium	n-Heptan	0	44	56	0
Strontium	Toluol	0	43	46	11
Strontium	Tetrahydrofuran	0	33	53	12

Die Autoren halten einen anionischen Polymerisationsmechanismus für wahrscheinlich.

Die Polymerisation des Butadiens mit *Calcium* wird von H. K. Jackson in Patenten beansprucht [68]. Im übrigen ist nur wenig über die Polymerisation von konjugierten Diolefinen mit Erdalkalien oder deren metallorganischen Verbindungen gearbeitet worden [69]. Technische Anwendung haben diese Katalysatoren bis jetzt nicht gefunden.

3.3. Mit metallorganischen Verbindungen der Erdmetalle

Auch diese Verbindungen spielen nur in Kombination mit Übergangsmetallverbindungen eine Rolle als Polymerisationskatalysatoren für konjugierte Diolefine (vgl. 4.1). Zwar vermögen *aluminiumorganische Verbindungen*, beispielsweise Äthylaluminiumdichlorid, Äthylaluminiumsesquichlorid, Diäthylaluminiumchlorid und Triäthylaluminium [letztere in Gegenwart geeigneter Cokatalysatoren wie Wasser, Salzsäure, Alkylhalogenide (tert. Butylchlorid)] konjugierte Diolefine nach einem kationischen Mechanismus, der Vernetzungs- und Cyclisierungsreaktionen einschließt, zu polymerisieren [70a], doch besitzen die Polymeren von konjugierten Diolefinen keinen regelmäßigen sterischen Aufbau und spielen technisch keine Rolle [70b]. Mit diesen Katalysatoren kann man auch Isobutylen polymerisieren. Copolymere des Isobutylens mit etwa 5% Isopren werden als Butylkautschuk in großem Umfang technisch hergestellt. Er zeichnet sich besonders dadurch aus, daß er nur eine geringe Gasdurchlässigkeit besitzt [71].

Bringt man Butadien in Gegenwart von Benzolkohlenwasserstoffen mit diesen aluminiumorganischen Verbindungen zusammen, erhält man Oligomere der Formel

$$Ar-(CH_2-CH=CH-CH_2)_n-CH_2-CH=CH-CH_3$$

(Ar = aromatischer Rest) [72].

4. Polymerisation von Olefinen und Diolefinen mit Ziegler-Katalysatoren

4.1. Rolle der metallorganischen Verbindungen in Ziegler-Katalysatoren

Unter Ziegler-Katalysatoren versteht man die Mischungen bzw. die Umsetzungsprodukte von Verbindungen der Übergangselemente der 4. bis 8. Gruppe des Periodensystems mit den Metallen der 1. bis 3. Gruppe des Periodensystems, deren Metallhydride oder Organometallverbindungen [73]. Diese Kombinationen werden von Ziegler als metallorganische Mischkatalysatoren bezeichnet.

Es ist anzunehmen, daß sich aus Metallen und Metallhydriden bei der Reaktion mit Olefinen und Diolefinen Organometallverbindungen bilden. Die Kombinationen der Metalle oder Metallhydride mit Übergangsmetallverbindungen spielen technisch keine oder nur eine geringe Rolle.

Es gibt auch Katalysatoren, die nur aus Übergangsmetallverbindungen bestehen. Beispielsweise polymerisieren Mischungen von Methyltitantrichlorid und Titantrichlorid Äthylen und 2-Olefine [74], ja sogar Methyltitandichlorid allein kann Äthylen und Dimethyltitandichlorid allein kann Butadien polymerisieren [74,75]. Deshalb kann man die katalytische Wirksamkeit den Übergangsmetallverbindungen zusprechen. Die technisch benutzten Katalysatoren werden jedoch meist durch Kombination von Übergangsmetallverbindungen mit Organometallverbindungen der Metalle der 1. bis 3. Gruppe des Periodensystems gebildet. Auch in den Fällen, in denen letztere nicht an der Polymerisation beteiligt sind, schaffen sie doch häufig erst die Bedingungen dafür, daß eine Polymerisation eintritt, indem sie mit Verunreinigung reagieren, welche die eigentlichen Katalysatoren zerstören oder inhibieren: Sauerstoff, Substanzen mit acidem Wasserstoff und insbesondere Wasser. Die Polymerisation führt man zumeist in inerten aliphatischen, teilweise auch aromatischen Kohlenwasserstoffen durch. Chlorierte Kohlenwasserstoffe sind nur geeignet, wenn sie mit den metallorganischen Verbindungen unter den Polymerisationsbedingungen nicht reagieren, z.B. Chlorbenzol und Tetrachloräthylen.

Obwohl im Prinzip alle Metalle der 1. bis 3. Gruppe des Periodensystems oder deren metallorganische Verbindungen benutzt werden können, werden bei technischen Verfahren fast ausschließlich aluminiumorganische Verbindungen eingesetzt, teils wegen ihrer leichten Zugänglichkeit [76], teils wegen ihrer guten Löslichkeit in Kohlenwasserstoffen.

4.2. Mit Ziegler-Katalysatoren hergestellte struktureinheitliche Polymeren aus Butadien, Isopren und Piperylen

4.2.1. Polymere des Butadiens

Das Butadien kann 1.4-cis-, 1.4-trans-, isotaktisches, syndiotaktisches und ataktisches 1.2-Polybutadien liefern. Von Isopren kann man die Bildung von 1.4-cis-, 1.4-trans-, isotaktischem, syndiotaktischem und ataktischem 1.2- und 3.4-Polyisopren erwarten. Beim Piperylen steigt die Zahl der Polymeren mit regelmäßiger Struktur noch mehr an [1].

Die Tabelle 1 gibt einen Überblick über die bis jetzt dargestellten Polymeren mit regelmäßiger Struktur.

Technische Bedeutung hat bis jetzt nur das *1.4-cis-Polybutadien* erlangt. Es zeichnet sich vor allem durch hohe Elastizität und niedrigen Abrieb seiner Vulkanisate aus. Bemerkenswert niedrig ist seine Glastemperatur von —110 °C. Die drei technisch ausgeübten Verfahren zur Herstellung von 1.4-cis-Polybutadien zeigt die Tabelle 2.

Mit *kobalthaltigen Katalysatoren* erzielt man die höchsten 1.4-cis-Gehalte und höchsten Polymerisationsgeschwindigkeiten in Aromaten als Lösungsmittel, insbesondere in Benzol. Das Al/Co-Verhältnis hat in Bereichen über 30 bei weniger als 10 mg Co/l Lösungsmittel-Butadien-Gemisch keinen Einfluß auf die Stereospezifität. Die Kobaltkonzentration kann außerordentlich gering gehalten werden: 1—2 mg/l Lösungsmittel-Butadien-Gemisch. Entsprechend groß ist dann das Al/Co-Atomverhältnis, es kann bis 1000 und mehr betragen [80]. Man erreicht nur gute Ergebnisse bei Mitverwendung von Aktivatoren, insbesondere von Wasser. Außer Sauerstoff werden u.a. auch organische Hydroperoxide, Alkohole (tert. Butanol), Alkylhalogenide (Allylchlorid), sowie Aluminium und Aluminiumchlorid als Aktivatoren empfohlen [77]. Die Molekulargewichte lassen sich mit Wasserstoff, besser noch mit ungesättigten Kohlenwasserstoffen, insbesondere 1.2-Butadien, in gewünschter Weise regeln [81]. Auch Nitrile (Acetonitril, Acrylnitril) und Ester (Essig-, Acrylsäureester) sind als Regler geeignet [82]. Nach dem Verfahren Goodrich-Gulf, Montecatini und darauf aufbauenden werden große Mengen 1.4-cis-Polybutadien hergestellt [2, 83].

Tabelle 1. *Sterisch einheitliche Polydiolefine*

Struktur in %				Schmelz-punkt (Tm) °C	Glas-temperatur (Tg) °C	Dichte	Katalysatorsysteme *)
1.4-cis	1.4-trans	1.2	3.4				
				Polybutadiene			
78	21	1		—	—	—	$AlR_3/TiCl_4$ [a]
86	—	—		—	—	—	$AlR_3/TiBr_4$ [b]
94	3	3		—	—	—	AlR_3/TiJ_4 [c]
98	1	1		3	—100	1,01	$AlR_2Cl/Kobaltsalz$ [d]
—	99	—		145	70—75	0,93	AlR_3/VCl_3 [e]
syndiotaktisch 99				156	—	0,96	$AlR_3/V(acac)_3$ [f]
isotaktisch 99				128	—	0,96	$AlR_3/Cr(acac)_3$ [g]
				Polyisoprene			
96	—	—	—	20—30	—73	1,00	$AlR_3/TiCl_4$ [h]
—	96	—	—	65	—	1,04	AlR_3/VCl_3 [i]
—	—	—	98	—	—		$AlR_3/Ti(OR)_4$ [k]
				Polypiperylene			
—	99	—		95	—	0,98	$AlR_3/TiCl_3$ [l]
90	syndiotaktisch			53	—	—	$AlR_2Cl/Co-salz$ [m]
90	isotaktisch			42	—	—	$AlR_3/Ti(OR)_4$ [n]
syndiotaktisch 98				10—20	—	—	$AlR_2Cl/Co-salz$ [o]

*) Die angegebenen Katalysatoren sind charakteristisch, keineswegs aber die einzigen und nicht immer die besten. Die angegebenen Literaturstellen beziehen sich auf diese Katalysatoren. Weitere Literatur u. a. [103].

[a] Natta, G., Corradini, P.: Angew. Chem. *68*, 615 (1956).

[b] DOS 1420258 (1956), Chem. Werke Hüls AG.

[c] Saltman, W. M., Link, T. H.: Ind. Eng. Chem., Prod. Res. Develop. *3*, 199 (1964); B.P. 551851 (1956), Phillips Petrol Comp.

[d] Longiave, C., Castelli, R., Groce, G. F.: Chim. Ind. *43*, 625 (1961); I.P. 587968 (1958) 588825 (1957), 592477 (1957), 594618 (1958), Montecatini.

[e] Natta, G., et al.: Chim. Ind. *40*, 362 (1958).

[f] Natta, G., et al.: Chim. Ind. *41*, 526 (1959). B. P. 549544 (1955), Montecatini.

[g] Natta, G., et al.: Chim. Ind. *41*, 1163 (1959).

[h] Gibbs, C. F., et al.: Rubber World *144*, 69 (1961); E.P. 827365 (1954), Goodrich-Gulf Chem. Inc.

[i] Natta, G., et al.: Chim. Ind. *40*, 362 (1958); I.P. 549952 (1955), Montecatini.

[k] Natta, G., et al.: Makromol. Chem. *77*, 126 (1964). — Wilke, G.: Angew. Chem. *68*, 306 (1956); OS 1420558 (1956), Montecatini.

[l] Natta, G., et al.: J. Polymer Sci. *51*, 463 (1961).

[m] Natta, G., et al.: Makromol. Chem. *51*, 229 (1962); DBP 1165862 (1962), Montecatini.

[n] Natta, G., et al.: J. Polymer Sci. *B 1*, 67 (1963).

[o] Natta, G., et al.: European Polymer J. *1*, 81 (1965).

Tabelle 2

Verfahren		Goodrich-Gulf., Montecatini [77]	Phillips Petroleum Comp. [78]	Bridgestone Tire Comp. [79]
Katalysatorsystem		Kobalt oder Nickel-verbindungen/ Alkylaluminium-chloride *)	Jodhaltige Titan-verbindungen/ Trialkyl-aluminium-verbindungen **)	Nickel-verbindungen/ Trialkyl-aluminium-verbindungen/ Borfluorid ***)
Struktur	1.4-cis	97	94	97
der Poly-	1.4-trans	2	3	2
butadiene in %	1.2	1	3	1
Molekulargewichts-verteilung der Polybutadiene		eng	sehr eng	breit

*) Bel. P. 543292 (1955), 575671 (1959), 585826 (1959), 599788 (1961), 601706 (1961), 637273 (1963) Goodrich-Gulf., Chem. Inc.; B. P. 573680 (1958), 575507 (1959), 579772 (1959), 580103 (1959), 584997 (1959), 585058 (1959), 588738 (1960), 593686 (1960), 604657 (1961); DAS 1096615 (1959), 1133548 (1959); DBP 1165864 (1962); DAS 1251030 (1960), Montecatini; DAS 1258097 (1963), 1258098 (1963), Phillips Petroleum Comp.

**) DRP 1112834 (1961), Firestone Tire & Rubber Comp.; Bel. P. 551851 (1955); DAS 1104188 (1959); DBP 1148076 (1959), 1162089 (1961), 1258097 (1963), 1260795 (1962), 1299864 (1962), 1300238 (1964), 1301488 (1965); A. P. 3050513 (1956), 3206448 (1962), Phillips Petroleum Comp. Belg. P. 612732 (1961), 651242 (1964), 651243 (1964), 652743 (1964), Farbenfabriken Bayer.

***) DAS 1213120 (1960); DBP 1214002 (1960); DBP 1158715 (1960); DBP 1254361 (1962), Bridgestone Tire Comp. DAS 1570779 (1965), Japan Synthetic Rubber Co.

Titanhaltige Katalysatorsysteme, die auch Jod enthalten, sind bei Al/Ti-Verhältnissen von 1.5 bis 5 besonders aktiv. Durch die Katalysator-konzentration wird das Molekulargewicht stark beeinflußt; zur Herstellung von hochpolymerem Polybutadien sind niedrige Katalysator-konzentrationen erforderlich. Mit diesen Katalysatoren werden ebenfalls Polybutadiene technisch hergestellt.

Auch mit dem Katalysatorsystem Trialkylaluminiumverbindung bzw. Dialkylaluminiumhydrid bzw. Alkylaluminiumhalogenid/*Cer-octoat* läßt sich nach Arbeiten von M. C. Throckmorton Butadien zu 1.4-cis-Polybutadien polymerisieren. Hierbei ist das Cer im Katalysatorsystem der sterisch kontrollierende Faktor. In Aliphaten erhält man im Vergleich zu Aromaten höhere Molekulargewichte [84].

Durch Kombination von *Nickel- und Kobaltverbindungen* kann man das Durchschnittsmolekulargewicht von 1.4-cis-Polybutadien verbreitern und so Polymere gewinnen, vom Typ des nach dem Verfahren der Bridgestone Tire Comp. entstehenden Polybutadiens [85].

1,4-cis-Polybutadiene mit niedrigen Molekulargewichten lassen sich mit Hilfe von nickelhaltigen Katalysatoren herstellen. Diese niedrigmolekularen, flüssigen bis viskosen Polybutadiene können vielleicht in der Zukunft noch größere technische Bedeutung, insbesondere auch in Mischungen und nach Umsetzungen mit anderen Elastomeren, gewinnen [86]. Bei diesem Katalysatorsystem spielen Spuren Wasser eine große Rolle.

1.4-trans-Polybutadien hat technisch kaum Bedeutung. Der Grund dafür liegt in dem hohen Schmelzpunkt von 147 °C. Die besten Katalysatorsysteme zur Herstellung des 1.4-trans-Polybutadiens sind vanadinhaltige Katalysatoren [87], wie

Triäthylaluminium/Vanadintrichlorid,

Diäthylaluminiumchlorid/Vanadintrichlorid,

Triäthylaluminium/Vanadintetrachlorid und

Diäthylaluminiumchlorid/Vanadintetrachlorid,

Äthylaluminiumsesquichlorid/Vanadinacetylacetonat,

und kobalthaltige, wie

Diäthylaluminiumchlorid/Kobaltoctoat/Triäthylamin

im Molverhältnis 10/1/8,4 [88].

Mit dem Katalysatorsystem Dialkylaluminiumchlorid/*Kobaltsalz*/*Vanadinsalz* kann man Gemische von 1.4-cis- und 1.4-trans-Polybutadien herstellen, die bis jetzt noch keinen technischen Einsatz gefunden haben [89].

1.2-syndiotaktisches Polybutadien mit Schmelzpunkt 156 °C und *1.2-isotaktisches Polybutadien* mit Schmelzpunkt 126 °C spielen einerseits wegen ihrer hohen Schmelzpunkte, andererseits wegen ihrer großen Tendenz zur Bildung von Leiterpolymeren technisch als Elastomere keine Rolle. Ersteres erhält man u. a. mit den Katalysatorsystemen Triäthylaluminium/Vanadinacetylacetonat [90], letzteres u. a. mit dem Katalysatorsystem Triäthylaluminium/Chromacetylacetonat im Molverhältnis 10/2 [91]. 1,2-Polybutadien erhält man auch mit dem Katalysatorsystem $AlR_3/Ti(OR)_4$ [92].

4.2.2. Polymere des Isoprens

Mit titanhaltigen Ziegler-Katalysatoren wurde erstmals von S. E. Horne, F. Gibbs u. E. J. Carlton ein *1.4-cis-Polyisopren* hergestellt, das in seiner Struktur und demzufolge auch in den anwendungstechnischen Eigenschaften dem Naturkautschuk praktisch identisch ist; der cis-Anteil beträgt max. 97,4% [93]. Bei dem Katalysatorsystem Triisobutylaluminium/Titantetrachlorid werden bei Al/Ti-Verhältnissen um 1 die besten Umsätze und auch die besten Polymeren erhalten. Unter diesen Bedingungen bildet sich β-Titantrichlorid [94]. Durch die Polymerisationstemperatur werden insbesondere die Molekulargewichte beeinflußt, z.B. beträgt der DSV-Wert 3,9 bei 0 °C Polymerisationstemperatur und 2,1 bei 50 °C [95]. Die Größe der Alkylreste in den Trialkylaluminiumverbindungen (C_2 bis C_8) hat nur geringen Einfluß, doch geben solche mit verzweigten Alkylresten bessere Ausbeuten (Triisohexylaluminium, Diisobutylaluminiumhydrid) [96].

Gute Polymerisationsgeschwindigkeiten erzielt man, wenn man dem Katalysatorsystem Trialkylaluminium/Titantetrachlorid noch einen Äther zufügt, wie die Tabelle 3 zeigt [97].

Tabelle 3

Triäthyl-aluminium	Al/Ti-Verhältnis	Polym.-Zeit [h]	% Ausbeute	
			ohne	mit Diphenyläther
Al (C_2H_3)$_3$	1,0	$2^1/_2$	25	72
Al (C_3H_7)$_3$	1,0	$2^1/_2$	39	88
Al (iC_4H_9)$_3$	0,9	$2^1/_2$	61	92

Diese mit Äther komplexierten Katalysatoren liefern auch Polymere mit besseren physikalischen und anwendungstechnischen Eigenschaften. Als Lösungsmittel für die Polymerisation eignen sich Aliphate und Aromaten. Bemerkenswert ist die Tatsache, daß man mit dem Katalysatorsystem Dialkylaluminiumchlorid/Kobaltverbindung, das Polybutadiene mit den höchsten 1.4-cis-Anteilen liefert, nur Polyisoprene mit max. 44% 1.4-cis-Anteilen erhält, der Rest besteht überwiegend aus 3.4-Anteilen [83].

Das mit titanhaltigen Ziegler-Katalysatoren hergestellte Polyisopren gewinnt einen wachsenden Anteil unter den Synthesekautschuken [2].

1.4-trans-Polyisopren, das praktisch die Struktur des Gutta-percha oder Balata hat, wurde erstmals von G. Natta, L. Porri und M. Mazzanti mit Hilfe des Katalysatorsystems Triäthylaluminium/α-Titantrichlorid hergestellt [98]. Auch vanadinhaltige Katalysatoren wurden vorgeschlagen, u.a. Triäthylaluminium/Vanadintrichlorid [99]. Dieses System gibt 1.4-trans-Anteile von 99—100% und hoch kristalline Produkte mit Schmelzpunkten von 65 °C.

Das beste Katalysatorsystem scheint das homogene Dreikomponentensystem: Trialkylaluminiumverbindung/Vanadintrichlorid/Titantetraester zu sein, das 100—700 g trans-Polyisopren/g-Vanadintrichlorid/Stunde liefert [100]. 1967 wurden etwa 400 t 1,4-trans-Polyisopren hergestellt. Sie dienten hauptsächlich zur Herstellung von Golfbällen.

3.4-Polyisopren wurde gleichzeitig von G. Natta und G. Wilke mit Hilfe des Katalysatorsystems Triäthylaluminium/Titantetraester hergestellt [92]. Bei 0 °C entstehen Polymere mit 98% 3.4-Anteilen. Auch mit dem Katalysatorsystem Triäthylaluminium/Vanadinester (VO(OR)3) erhält man 3.4-Polyisoprene. 3.4-Polyisopren spielt technisch keine Rolle.

4.2.3. Copolymere des Butadiens

Butadien- und Isopren-Copolymere, in denen ein anwendungstechnisch erwünschter Kompromiß der Eigenschaften des Polybutadiens und des Polyisoprens vorliegt, wurden noch nicht hergestellt. Dieser könnte am ersten noch von Blockcopolymeren erwartet werden, in denen sowohl das Butadien als auch das Isopren überwiegend in 1.4-cis-Stellung polymerisiert vorliegen. Die Darstellung von statistischen Copolymeren des Butadiens und Isoprens mit kobalthaltigen Katalysatoren führt nicht zu Polymeren mit Isoprenanteilen über 20%, in denen diese beiden Monomeren ausschließlich in 1.4-cis-Stellung polymerisiert werden [83,101]. Das gleiche gilt für titanhaltige Ziegler-Katalysatoren [102,103].

Butadien- und Piperylen-Copolymere wurden schon hergestellt, einen technischen Einsatz haben sie noch nicht gefunden. Das gleiche gilt für die Homopolymeren des Piperylens, weshalb hier nur auf die Literatur verwiesen wird [103].

Mit Ziegler-Katalysatoren gelingt eine *Blockcopolymerisation des Butadiens und Styrols* nicht. Die *statistische Copolymerisation* mit dem Katalysatorsystem Äthylaluminiummono- und -sesquichlorid/Kobalt-(III)-acetylacetonat liefert nicht völlig befriedigende Copolymere, in denen der Butadienanteil überwiegend 1.4-cis-polymerisiert ist [83]. Neuerdings wird die Herstellung solcher Copolymeren auch mit nickelhaltigen Katalysatorsystemen beansprucht [104]. Es bleibt abzuwarten,

ob sich diese Systeme gegenüber den Lithiumkatalysatoren durchsetzen
können.

4.3. Gesättigte und ungesättigte Äthylen-α-Olefin-Copolymere

4.3.1. Copolymere des Äthylens mit α-Olefinen

G. Natta et al. stellten als erste mit Hilfe von Ziegler-Katalysatoren
amorphe Copolymere des Äthylens und der α-Olefine, insbesondere des
Propylens, aber auch des Buten-(1), her und erkannten den Elastomer-
charakter dieser Copolymeren. Elastomereigenschaften haben die
Copolymeren, wenn die Monomeren statistisch in die Kette eingebaut
sind [105] und der α-Olefin-Anteil genügend groß ist, um die Bildung von
größeren Polymethylensequenzen zu verhindern, wozu bei Propylen
etwa 30 Gew.-% ausreichen. Man gewinnt diese Copolymeren mit
Hilfe von vanadinhaltigen Katalysatoren, beispielsweise Triisobutylalu-
minium/Vanadintetrachlorid, Trihexylaluminium/Vanadintetrachlorid,
insbesondere Diäthylaluminiummonochlorid/Vanadinoxitrichlorid und
Äthylaluminiumsesquichlorid/Vanadinoxichlorid [106]. Die Polymerisation kann in Aliphaten, Cycloaliphaten und Aromaten, aber auch in
Abwesenheit von Lösungsmitteln durchgeführt werden. Eine Reihe von
Faktoren bestimmen das Molekulargewicht der Polymeren, u. a. Poly-
merisationsdauer, Temperatur, Katalysatorkonzentration, Monomer-
konzentration (abhängig von Druck), Äthylen-α-Olefin-Verhältnis, die
aluminiumorganischen Komponenten, das Aluminium/Vanadin-Atom-
verhältnis und eine Alterung der Katalysatoren. Es hat sich herausge-
stellt, daß Vanadin einer bestimmten Wertigkeit — vermutlich drei-
wertiges — in den aktiven Katalysatoren vorliegt, die dann auch eine
gute statistische Verteilung der Monomeren sichern. Insbesondere die
Kombinationen mit Dialkylaluminiumchloriden und Alkylaluminium-
sesquichloriden ändern ihre Aktivität sehr schnell; sie fällt schon nach
kurzer Zeit — oft nur Minuten — stark ab. Durch Zusatz von Reaktiva-
toren, Substanzen, die das zu weit reduzierte Vanadin wieder auf die
besonders aktive Stufe oxidierten, wird die Aktivität der Katalysatoren
verlängert. Geeignet sind u. a. Verbindungen mit reaktivem Chlor, u. a.
Hexachlorcyclopentadien [107], Trichloressigsäureester [107a] und insbesondere Perchlorcrotonsäureester. Von den letzteren reichen schon sehr
geringe Konzentrationen aus [108].

Diese amorphen Copolymeren können mit Peroxiden, gegebenenfalls
unter Zusatz von Schwefel, vulkanisiert werden und liefern Vulkanisate
mit guten anwendungstechnischen Werten, insbesondere hervorragend
gutem Alterungsverhalten (Ozonbeständigkeit) [109]. So finden steigende
Mengen Äthylen-Propylen-Copolymere Einsatz im Bereich technischer
Gummiwaren (Dichtungen usw.).

4.3.2. Terpolymere des Äthylens und der α-Olefine mit nichtkonjugierten Diolefinen

Durch Terpolymerisation mit geringen Mengen eines Mehrfacholefins gelingt es mit den gleichen Katalysatoren, schwach ungesättigte, amorphe Terpolymere herzustellen, die mit den üblichen Schwefelrezepturen, insbesondere solchen, die für den ebenfalls schwach ungesättigten Butylkautschuk entwickelt wurden, zu vulkanisieren. Die Vulkanisate haben dasselbe gute Alterungsverhalten wie die peroxidisch vernetzten Äthylen-α-Olefin-Copolymeren. Die Mehrfacholefine sollen wenigstens eine polymerisierbare Doppelbindung besitzen und wenigstens eine Doppelbindung enthalten, die polymerisationsunfähig oder wenigstens polymerisationsträge ist, aber nach der Einpolymerisation eine reaktive Gruppe bei der Vulkanisation abgibt. Aus einer sehr großen Zahl geprüfter Mehrfacholefine erwies sich einerseits das trans-Hexadien-(1.4) als geeignet und andererseits Norbornenderivate [110]. Von diesen verhalten sich viele bei der Polymerisation gleich reaktiv und werden weitgehend vollständig eingebaut.

Das technisch gut zugängliche und wohlfeile Dicyclopentadien hat den Nachteil, daß seine Terpolymeren nur verhältnismäßig langsam vulkanisieren. Das Äthylidennorbornen, das aus Butadien und Dicyclopendadien über das Vinylnorbornen zugänglich ist, gibt rascher vulkanisierende Polymere. Dieses Norbornenderivat wird technisch hergestellt [111]. Mit einem annehmbaren Preis ist es wohl auf längere Sicht die technisch bevorzugte Terkomponente. Alle Termonomeren inhibieren mehr oder weniger die Katalysatoren, insbesondere wirken sie auch teilweise kettenabbrechend. Trotzdem gelingt es — unter Berücksichtigung der bei der Copolymerisation des Äthylens mit α-Olefinen gemachten Abhängigkeiten — amorphe Terpolymere mit geeignet hohen Molekulargewichten auch im kontinuierlichen Verfahren herzustellen. Für eine ausreichende Vulkanisation haben sich Terpolymere mit etwa 4 Doppelbindungen/1000 C-Atome als genügend ungesättigt erwiesen [112]. Die Äthylen-Propylen-Terpolymeren enthalten etwa 50 Gew.-% Propylen.

Es gelingt auch, *amorphe* Terpolymere mit wesentlich höheren Äthylenanteilen — bis zu etwa 70 Gew.-% — herzustellen; sie müssen etwas mehr Doppelbindungen enthalten (~8/1000 C-Atome), um gut vulkanisiert werden zu können. Diese Terpolymeren lassen sich außerordentlich stark mit Öl und Ruß füllen, so daß der Kautschukanteil in der Mischung nur noch etwa 20% beträgt. Trotzdem sind diese Vulkanisate für gewisse technische Zwecke noch ausreichend fest und elastisch.

Ein Nachteil der ungesättigten Äthyl-α-Olefin-Terpolymeren ist die nicht gegebene Covulkanisation mit den hoch ungesättigten Kautschuken, u.a. den SB-Kautschuken, den Polybutadienen und dem Naturkautschuk [113]. Ein Zusatz von etwa 20% Äthylen-Propylen-Terpolymer zum SB-Kautschuk oder zum 1.4-cis-Polybutadien verschlechtert nur unwesentlich deren Vulkanisateigenschaften, verbessert aber beträchtlich ihre Ozonfestigkeit. Deshalb werden im Augenblick größere Mengen davon zur Herstellung von Seitenflächen von Autoreifen hergestellt. Die geringe Eigenklebrigkeit der ungesättigten Äthylen-α-Olefin-Terpolymeren und das noch nicht befriedigend gelöste Problem der Cordhaftung ist der Grund, warum dieser Kautschuk sich noch nicht als Reifenkautschuk durchgesetzt hat.

4.4. Zum Reaktionsmechanismus der Polymerisation mit Ziegler-Katalysatoren

Über den Polymerisationsmechanismus von konjugierten Diolefinen mit Ziegler-Katalysatoren herrscht noch keine völlige Klarheit. Der Grund liegt zum Teil darin, daß diese Katalysatoren fast immer uneinheitlich sind, teils homogen gelöst, teils heterogen in Lösungsmitteln dispergiert, wobei die verschiedensten Umsetzungsprodukte der Katalysatorkomponenten vorhanden sind [114]. Dies hat zur Folge, daß häufig unabhängig voneinander Polymerisationen nach verschiedenen Mechanismen ablaufen und demzufolge Gemische verschiedener Polymere entstehen.

Man hat versucht, durch Polymerisation unter Einsatz von radioaktiv markiertem Diäthylaluminiummonochlorid (Al($^{14}C_2H_5$)$_2$Cl) sowie durch Abbruch der Polymerisation mit tritiiertem Methanol (H$_3$COT) bzw. markiertem Methanol (H$_3$^{14}COH) einen Einblick in den Mechanismus — ob kationisch oder anionisch — zu gewinnen, jedoch waren die Ergebnisse verschiedener Bearbeiter teilweise widersprechend. Man kann zur Zeit deshalb nur mehr oder weniger wahrscheinliche Wachstumsmechanismen annehmen. Sicher ist jedoch, daß bei allen stereospezifischen Polymerisationen die Monomeren vor dem Wachstumsschritt an das Übergangsmetall koordiniert werden, wobei sie sterisch bevorzugte Stellungen einnehmen können. Der eigentliche Wachstumsschritt besteht immer in der Insertion eines koordiniert angelagerten Monomeren in die mehr oder minder polare Bindung, die das Übergangsmetall mit der wachsenden Kette eingegangen ist.

Unklar ist häufig noch der Initiierungsschritt, beispielsweise Carbanionenanlagerung an das Diolefin oder Anlagerung eines Protons. Im ersteren Falle hätte man es in der Folge mit einer koordiniert anionischen, im zweiten Falle mit einer koordiniert kationischen Polymerisation zu tun.

Je nachdem, ob das neu koordinierte Diolefin mit einer oder beiden Doppelbindungen mit dem Übergangsmetall in Wechselwirkung tritt, kann man rein formal die Bildung von sterisch einheitlichen Polybutadienen beschreiben [105].

In den folgenden Formeln bedeuten Striche (—) σ-Bindungen, wobei die Me—C-Bindung polarisiert sein kann, Pfeile (→) π-Komplex-Bindungen.

a) Bildung von 1.2-Polybutadien

$$
\begin{array}{cccc}
& \text{CH}_2 & & \text{CH}_2 \\
\text{HC} & & \text{HC} & \\
| & & | & \\
\text{HC}\!-\!\!-\text{Me} & + & \text{HC} & \longrightarrow \\
-\text{CH}_2 & & \text{CH}_2 &
\end{array}
$$

b) Bildung von 1.4-trans-Polybutadien

c) Bildung von 1.4-cis-Polybutadien

C_4H_4 verdrängt die obere Doppelbindung der Polymerkette

Hier tritt das Kobalt in einem Kationenkomplex auf. Das zugehörige Gegenion könnte ein Diäthylaluminiumdichloridanion sein:

$[\text{Al}(\text{C}_2\text{H}_5)_2\text{Cl}_2]^{\ominus}$.

Anstelle einer σ-Bindung in Allylstellung zu einer π-Bindung kann man auch eine π-Allylbindung formulieren:

Die bei diesen Polymerisationen katalytisch wirksamen Koordinationskomplexe sind offenbar mehr oder weniger instabil, aber gerade deshalb können sie ihre katalytische Wirkung entfalten. Führt man sie durch Zugabe anderer Substanzen, bei Kobalt- oder Nickelkomplexen beispielsweise durch Hexamethylbenzol, in stabile Komplexe über, so verlieren sie ihre katalytische Wirksamkeit [105,115]. Bestimmend für das katalytische Verhalten ist das Übergangsmetall, aber alle anderen Parameter spielen dabei mit eine Rolle.

Über die Abbruchsreaktionen herrscht ebenfalls noch keine Klarheit. Bei koordiniert-anionischen Wachstumsschritten ist die Abspaltung eines Hydridions, das an das Übergangsmetall geht, wahrscheinlich. Dieses kann in 4-Stellung, vielleicht aber auch in 6-Stellung zur Metall-C-Bindung abgespalten werden:

Das gebildete MeH könnte dann eine neue Kette starten (Übertragungsreaktion).

5. Polymerisation von Cycloolefinen mit Ziegler-Katalysatoren (Metathetische Polymerisation)

In einem Patent der Du Pont de Nemours [116)] wird erstmalig auf die Bildung von linearen ungesättigten Polymeren aus Cyclopenten an einem aus anreduziertem Molybdänoxid auf Aluminiumoxid bestehenden heterogen Katalysator hingewiesen. Die angegebenen Ausbeuten sind gering. In einer Reihe von Veröffentlichungen zeigten G. Natta und G. Dall'Asta et al., daß sich mit bestimmten Ziegler-Katalysatoren, bei denen wiederum mit Molybdän- und Wolframverbindungen als Schwermetallkomponente hergestellten besonders wirksam waren, diese ringöffnende Polymerisation von Cycloolefinen mit guten Ausbeuten durchführen läßt, und beschrieben zahlreiche Vertreter dieser Polyalkenameren [117)]. Zum Mechanismus nahmen diese Autoren zunächst aufgrund des Vinylgruppengehalts der niedermolekularen Anteile eine Aufspaltung des Rings benachbart zur Doppelbindung an.

N. Calderon et al. erkannten den engen Zusammenhang dieser ringöffnenden Polymerisation mit einer von ihnen bei aliphatischen Monoolefinen beobachteten Disproportionierungsreaktion in Gegenwart eines aus Wolframhexachlorid, Äthanol und Äthylaluminiumdichlorid bestehenden Katalysators. Sie bezeichneten diese Reaktion als ,,Olefin-Metathese'' und formulierten sie wie folgt [118)]:

$$
\begin{array}{ccc}
R_1-CH=CH-R_2 & R_1-CH \quad CH-R_2 & R_1-CH \quad CH-R_2 \\
+ \quad \longrightarrow & \parallel + \parallel \quad \text{bzw.} & \parallel + \parallel \\
R_3-CH=CH-R_4 & R_3-CH \quad CH-R_4 & R_4-CH \quad CH-R_3
\end{array}
$$

So erhält man beispielsweise aus Penten-(2) gleiche molare Mengen Buten-(2) und Hexen-(3) neben 50% des Ausgangsolefins. Es handelt sich um ein echtes Gleichgewicht, das auch von den Reaktionsprodukten her einstellbar ist, und zwar bereits bei niedrigen Temperaturen mit großer Geschwindigkeit (10 Minuten bei 0 °C). Die Disproportionierung von Olefinen, beispielsweise von Propen zu Äthylen und Butenen, war schon vorher an festen Katalysatoren, welche Molybdän, Wolfram und Rhenium in Form der Oxide, Sulfide oder Carbonyle auf Aluminiumoxid oder -silicat enthielten, bei höheren Temperaturen beobachtet worden [119)]. Daß dabei nicht nur die an der Doppelbindung befindlichen Alkylgruppen, sondern ganze Alkylidengruppen ($R-CH=$) ausgetauscht werden, wurde durch Versuche mit deuteriertem Buten-(2) bewiesen. Man hat daher einen Übergangszustand anzunehmen, in welchem alle vier C-Atome der beiden beteiligten Doppelbindungen gleichberechtigt sind und keine Zugehörigkeit zu einem bestimmten Olefinmolekül mehr besteht. Calderon et al. formulieren ihn als einen ,,Quasi-Cyclobutanring", der einem Wolframatom mit nicht näher festgelegter Wertigkeit und weiteren Liganden, kurz W* genannt, koordiniert ist.

$$R_1-CH\cdots\cdots CH-R_2$$
$$\vdots \quad W* \quad \vdots$$
$$R_3-CH\cdots\cdots CH-R_4$$

G. Natta und G. Dall'Asta [120] nehmen neuerdings einen Zwischenkomplex mit der Struktur eines Carben- oder Ylid-Komplexes des Wolframs an.

$$R_1-HC \diagdown \diagup CH-R_2$$
$$W$$
$$R_3-HC \diagup \diagdown CH-R_4$$

Beide Vorstellungen sind heuristisch gleichwertig.

Bei Anwendung des Metathese-Schemas auf die mit gleichartigen Katalysatoren verlaufende Polymerisation der Cycloolefine müssen aus diesen zunächst cyclische Dimere entstehen, z. B. ein Cyclodecadien-(1.6) aus Cyclopenten:

Auf dieser Stufe bleibt die Reaktion jedoch nicht stehen, sondern unter laufender weiterer Ringerweiterung bilden sich ungesättigte Makroringe. Dieser neuartige Polymerisationsmechanismus kann in Anlehnung an die Calderonsche Formulierung als

„Metathetische Polymerisation"

bezeichnet werden. Der experimentelle Beweis für die Richtigkeit dieser Auffassungsweise wurde von K. W. Scott und N. Calderon durch die Isolierung und Identifizierung der aus Cyclooocten erhaltenen oligomeren Anfangsglieder bis zu einem Polymerisationsgrad von etwa 10 erbracht die sich je nach Konzentration in Gegenwart des Polymerisationskatalysators in höhere Polymere umwandeln oder aus ihnen erzeugen lassen [121]. Durch metathetische Polymerisation entsteht aus Cyclobuten ein Polybutenamer (1.4-Polybutadien). Polybutenamere bilden sich auch aus Cyclooctadien-(1.5) und Cyclododecatrien-(1.5.9), welche man als die cyclischen Di- bzw. Trimeren des Cyclobutens auffassen kann. Aus Cyclopenten entsteht Polypentenamer $=(CH-(CH_2)_3-CH)_n=$, aus Cyclooocten Polyocctenamer $=(CH-(CH_2)_6-CH)_n=$, aus Cyclododecen Polydodecenamer $=(CH-(CH_2)_{10}-CH)_n=$. Von den bisher untersuchten

Cyclomonoolefinen mit vier- bis zwölfgliedrigen Ringen hat sich lediglich Cyclohexen als nicht polymerisierbar erwiesen.

Die Struktur der Doppelbindungen in den Polyalkenameren (cis oder trans) hängt von den Reaktionsbedingungen, vor allem vom Katalysatorsystem, ab.

Tabelle 1 gibt einen Überblick über von G. Natta und G. Dall'Asta erhaltene kristalline bzw. kristallisierbare Polyalkenamere mit überwiegender trans-Struktur [122]. Nur vom Polypentenamer ist bisher auch das reine cis-Isomer beschrieben worden.

Kristallform und Schmelzpunkte einiger kristalliner Polyalkenamerer sind in Tabelle 4 aufgeführt.

Tabelle 4. *Schmelzpunkte von kristallinen trans-Polyalkenameren**)

Polypentenamer	Modifikation	Schmelzpunkt °C***)
Polybutenamer (1.4-Polybutadien)	2	145
Polypentenamer	I, orthorhombisch	23
Polyhexenamer**)	III	61
Polyheptenamer	I, orthorhombisch	67
Polyoctenamer	III	67
	IV, monoklin	62
Polydodecenamer	III	—
	IV, monoklin	80

*) Die Polymeren enthielten 6 bis 10% cis-Doppelbindungen [123].

**) Polyhexenamer kann nur durch alternierende Copolymerisation von Butadien mit Äthylen erzeugt werden [135].

***) Bestimmt durch Röntgenmethode (x-ray-method).

Über die Herstellungsbedingungen dieser Polymere unterrichtet die Tabelle 5.

Die Polyalkenameren stellen hinsichtlich ihrer Struktur Bindeglieder zwischen dem Elastomeren Polybutadien und dem Thermoplasten Polyäthylen dar und sind daher interessante Modellsubstanzen zur Erforschung der Zusammenhänge zwischen Struktur und Eigenschaften. Einige von ihnen, z.B. Polypentenamer, Polyoctenamer haben Aussichten, als Spezialkautschuke Verwendung zu finden [124]. Mit Hilfe der metathetischen Polymerisation gelingt es auch, Polymere herzustellen, die sonst nicht oder kaum zugänglich sind. So können aus geeigneten Cycloolefinen Copolymere mit einem alternierenden Aufbau entstehen. Bei-

Tabelle 5

Cycloolefin	Katalysator-system	Mol Monomer / Mol W oder MO	Bedingungen Std./°C + Std./°C	Umsatz %	[n]	Struktur der Doppel-bindungen trans	cis
Cyclohexen	$WCl_6/Al(C_2H_5)_2Cl$	25	3/—30 48/20	kein Polymer	—	—	—
Cyclo-hepten	$WCl_6/Al(C_2H_5)_2Cl$	40	3/—30 63/20	6	0.3	94	6
Cyclo-hepten	$WCl_6/Al(C_2H_5)_2Cl$	500	5/—30 60/20	18	1.05	91	9
Cyclo-hepten	$WCl_6/Al(C_2H_5)_3$	40	5/—30 13/20	7	0.4	85	7
Cyclo-hepten	$MoCl_5/Al(C_2H_5)_3$	40	3/—30 3/20	3	—	93	7
cis-Cycloocten	$WCl_6/Al(C_2H_5)_3$	300	3/—30 14/20	23	2.4	85	15
cis-Cycloocten	$WCl_6/Al(C_2H_5)_3$	300	1/—20 69/30	60	—	75	0
cis/trans-Cyclodo-decen-(1.2)	$WCl_6/Al(C_2H_5)_2Cl$	500	23/—40	5	—	80	20
cis/trans-Cyclodo-decen-(1.2)	$WCl_6/Al(C_2H_5)_2Cl$	500	5/—25 16/20	34	2.15	94	6

spielsweise erhält man aus 1-Methyl-cyclooctadien-(1.5) ein Polymer, das einem alternierenden Copolymeren des Butadiens und Isoprens entspricht [125].

$$=(CH-CH_2-CH_2-\underset{\underset{CH_3}{|}}{C}=CH-CH_2-CH_2-CH)_n=$$

Für einige Beispiele ringöffnender Polymerisationen ist nicht gesichert, ob sie nach Art einer Polymetathese verlaufen. Es handelt sich um Ergebnisse mit Katalysatorsystemen, von denen bisher noch keine disproportionierende Wirkung auf Olefine berichtet wurde, nämlich titanhaltige Katalysatoren bei der Polymerisation des Cyclobutens [126] bzw. Norbornens [127], hydratisiertes Rutheniumchlorid in Butanol [128] sowie Molybdänpentachlorid allein bzw. gemeinsam mit einem tertiären Amin [129] bei der Polymerisation des Norbornens. Diese Einschränkung trifft auch für das von Marshall und Ridgewell beschriebene Katalysatorsystem Wolframhexachlorid/Aluminiumbromid [130] zu, mit dem sie eine Reihe von Cycloolefinen polymerisierten. Diese Autoren halten die Bildung metallorganischer Verbindungen in Gegenwart des Monomeren für möglich.

6. Polymerisation mit Monomerkomplexen

Durch die Arbeiten japanischer Chemiker wurde eine neue Art von elastomeren Copolymeren zugänglich, die eine regelmäßige Struktur aufweisen: *alternierende Copolymere* [131]. Ein technisch interessantes Copolymer entsteht aus Butadien und Acrylnitril; das Butadien ist darin fast ausschließlich 1,4-trans-polymerisiert. Es übertrifft das durch radikalische Polymerisation erzeugte Copolymer mit statistischer Verteilung der Monomeren in einer Reihe von anwendungstechnischen Eigenschaften. So sind seine Vulkanisate vergleichsweise zugfester und elastischer und bleiben ölbeständig, eine Eigenschaft, die das statistische Copolymer vor anderen Kautschuken auszeichnet.

Man erhält diese alternierenden Copolymeren dadurch, daß man ein Monomer, z. B. Acrylnitril, mit einer geeigneten Verbindung komplexiert. Geeignet ist beispielsweise Zinkchlorid [132]. Neuerdings werden aber auch aluminiumorganische Verbindungen, beispielsweise Diäthylaluminiumhalogenide, wie Diäthylaluminiumchlorid, Äthylaluminiumdichlorid, verwendet. Ursprünglich mußten die Komplexbildner in stöchiometrischen Mengen eingesetzt werden [133]. Furukawa gelang jedoch die Herstellung alternierender Copolymerer des Butadiens und des Acrylnitrils mit dem System Äthylaluminiumdichlorid/Vanadinoxichlorid auch mit katalytischen Mengen [134]. Dabei ist es wichtig, das Acrylnitril mit dem Äthylaluminiumdichlorid umzusetzen, bevor Butadien und Vanadinoxichlorid zugefügt wird. Das Vanadinoxichlorid ermöglicht es offenbar, daß sich der Acrylnitril/Äthylaluminiumdichlorid-Komplex wiederholt bildet.

D. Hirooka gelang es, auch alternierende Copolymere des Acrylnitrils mit Olefinen, u.a. Äthylen und Propylen, herzustellen [133]. Alternierende Copolymere des Äthylens mit Butadien erhielt G. Natta [135] und über alternierende Copolymere des Propylens mit Butadien berichtet Furukawa [136].

Die Untersuchung dieser Polymeren steht noch im Anfang, und es bleibt abzuwarten, ob die alternierenden Copolymeren sich gegenüber den anderen Stereokautschuken einen Marktanteil erobern können.

Eine Erklärung für die Bildung alternierender Copolymere hat G. Gaylord gegeben. Er nimmt auf Vorstellungen von Haas u. Kargin [137] zurückgreifend an, daß sich Donor-Acceptor-Komplexe bilden, die dann als 1.1-Addukte polymerisieren [138]. Die Polymerisation beispielsweise des Propylens mit Acrylnitril vollzöge sich darnach nach folgendem Schema:

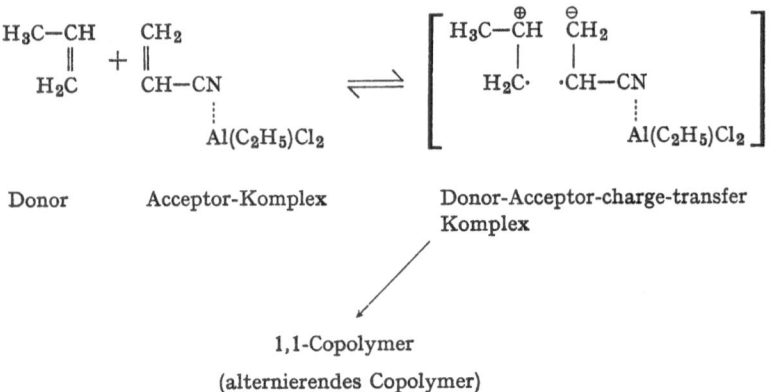

Donor   Acceptor-Komplex   Donor-Acceptor-charge-transfer
                                       Komplex

1,1-Copolymer

(alternierendes Copolymer)

7. Literatur

[1] Über die Stereoisomerie von Polymeren aus 1.3-Dienen siehe u.a. Natta, G.: Angew. Chem. *68*, 393 (1956); Houben-Weyl, 4. Aufl. Makromol. Stoffe I., S. 125, dort weitere Literatur.

[2] Rubber Plastics Age *50*, 764 (1969). — Möbius, K.: Gummi, Asbest, Kunststoffe *23*, 11 (1970); Rubber Age *102*, *1*, 45 (1970); Chem. Week 18.3.1970, 56.

[3] Meyer, A. W.: Ind. Eng. Chem. *41*, 1570 (1949). — Binder, J. L.: Ind. Eng. Chem. *46*, 1727 (1954). — Ortb, P.: Kautschuk Gummi *8*, WT 40 (1965). — Heuck, C.: Chemiker-Ztg. *94*, 147 (1970).

[4] Stavely, E. W., et al.: Ind. Eng. Chem. *48*, 778 (1956). — Horne, S. E., Jr., et al.: Ind. Eng. Chem. *48*, 784 (1956).

[5] Szwarc, M.: Ber. Bunsenges. Physik. Chem. *67*, 763 (1963); Progr. Phys. Org. Chem. *6*, 323 (1968). — Bywater, S.: Fortschr. Hochpolym.-Forsch. *4*, 66 (1965). — Frank, C. E., Foster, W. E.: J. Org. Chem. *26*, 303 (1961).

[6] Overberger, C. G., Pearce, E. M., Meyes, N.: J. Polymer Sci. *31*, 217 (1968). — Frank, C. E., Foster, W. E.: J. Org. Chem. *26*, 303 (1961).

[7] Frank, C. E., et al.: J. Org. Chem. *26*, 303, 307 (1961). DBP 1054994 (1956) National Distillers Chemical Corp.

[8] Ziegler, K., et al.: Ann. *551*, 13, 45, 64 (1934); Angew. Chem. *49*, 499 (1936).

[9] Stearns, R. S., Forman, L. E.: J. Polymer Sci. *41*, 381 (1959).

[10] BP 554039 (1957); A.P. 2913144 (1959), B. F. Goodrich u. Co.

[11] Scott, N. D., Walker, J. F., Hansley, V. L.: J. Am. Chem. Soc. *58*, 2442 (1936). — Paul, D. E., Lipkin, D., Weissman, S. I.: J. Am. Chem. Soc. *78*, 116 (1956).

12) Szwarc, M., Levy, M., Milkovich, R.: J. Am. Chem. Soc. *78*, 2656 (1956).
13) Whitby, G. S.: Synthetic Rubber, S. 752. New York: J. Wiley u. Sons 1954. DRP 522090 (1931), IG Farbenindustrie.
14) Tobolsky, A. V., Rogers, C. E.: J. Polymer Sci. *40*, 73 (1959).
15) Vgl. Coates, G. E.: Organometallic Compounds. London: Methuen 1960. — Schlosser, M.: Angew. Chem. *76*, 124, 258 (1964); Angew. Chem. Intern. Ed. Engl. *3*, 287 (1964). — Brown, T. L.: In: Advances in Organometallic Chemistry; Stone, F. G. A., West, R., Ed. New York: Academic Press 1956.
16) Morton, M., Fetters, L.: Makromol. Rev. *2*, 71 (1967).
17) Minoux, J.: Rev. Gen. Caoutchouc: *39*, 779 (1962). — Stearns, R. S., Forman, L. E.: J. Polymer Sci. *41*, 381 (1959).
18) Minoux, J., François, B., Sadron, Ch.: Makromol. Chem. *44/46*, 519 (1961).
18a) Ziegler, K., Colonius, H., Ann. *479*, 135 (1930). — Ziegler, K.: Angew. Chem. *49*, 455 (1936).
19) Bywater, S.: Fortschr. Hochpolym.-Forsch. *4*, 66 (1965).
20) Sinn, H., Lundbord, C., Onsager, O. T.: Makromol. Chem. *70*, 222 (1964). — Sinn, H., Patat, F.: Angew. Chem. Intern. Ed. Engl. *3*, 93 (1964).
21) Brown, T. L.: J. Organometal. Chem. *5*, 191 (1966). — Makowski, H. S., Lynn, M., Borgard, N.: J. Makromol. Sci. *A-2*, 665, 683 (1968)
22) Diem, H. E., Tucker, H., Gibbs, C. F.: Rubber Chem. Technol. *34*, 191 (1961). — Guyot, A., Vialle, J.: J. Makromol. Sci. Chem. *4*, 79 (1970).
23) Hsieh, H. L.: J. Polymer Sci. *A-3*, 153 (1965). — Sinn, H., Hofmann, W.: Makromol. Chem. *56*, 234 (1962). — François, B., Sinn, V., Parrod, J.: J. Polymer Sci. *C 4*, 375 (1964).
24) Glaze, W. H., Jones, P. C.: Chem. Commun. 1433 (1969).
25) Ziegler, K., et al.: Ann. *511*, 13, 45, 64 (1934); Angew. Chem. *49*, 499 (1936); ferner Minoux, J., François, B., Sadron, C.: Makromol. Chem. *44/46*, 519 (1961).
26) Szwarc, M.: Nature *178*, 1168 (1956). — Szwarc, M., Levy, M., Milkovich, R.: J. Am. Chem. Soc. *78*, 2656 (1956).
27) Ortlieb, C.: Rev. Gen. Caoutchouc *36*, 1178 (1959). — Morton, M., Bostick, E. E., Clarke, R. G.: J. Polymer Sci. *A 1*, 475 (1963).
28) Kuntz, I., Gerber, A.: J. Polymer Sci. *42*, 299 (1960). DAS 1087809 (1956), Firestone Tire & Rubber Co.
29) E.P. 1162780 (1968), Texas-US, Chem. Corp.
30) Hsieh, H., Kelley, D. J., Tobolsky, A. V.: J. Polymer Sci. *26*, 240 (1957). — Duck, E. W., Grieve, D. P., Thornber, M. N.: 4 Int. Rubber Symposium, London (1969).
31) Sinn, H., Onsager, O. T.: Makromol. Chem. *55*, 167 (1962). — Morton, M., Bostick, E. E., Clarke, R. G.: J. Polymer Sci. *A 1*, 475 (1963).
32) Wofford, C. F., Hsieh, H. L.: J. Polymer Sci. *A-1*, 7, 461 (1969).
33) Worsfold, D. J., Bywater, S.: Can. J. Chem. *42*, 2884 (1964); Rubber Chem. Technol. *38*, 627 (1965).
34) Duck, E. W.: J. I. R. I. *2*, 223 (1968); BP 717830 (1968), Intern. Synthetic Rubber Co.
35) Hsieh, H. L., Glaze, W. H.: Rubber Chem. Technol. *43*, 22 (1970).
36) Stavely, F. W., et al.: Ind. Eng. Chem. *48*, 778 (1956). — Hsieh, H. L., Tobolsky, A. V.: J. Polymer Sci. *25*, 245 (1957).
36a) DBP 1034364 (1956), 1040796 (1956); A.P. 2947737 (1956), Firestone Tire & Rubber Co.
37) Stearns, R. S., Forman, L. E.: J. Polymer Sci. *41*, 381 (1959).
38) Bandermann, F., Sinn, H.: Makromol. Chem. *96*, 150 (1966).

39) Sinn, H., Patat, F.: Angew. Chem. *75*, 805 (1963).
40) Trukenbrod, K.: Dissertation, T. H. München (1967).
41) Hostalka, H., Schulz, G. V.: J. Polymer Sci. *B-3*, 1043 (1965). — Sinn, H., Bandermann, F.: J. Polymer Sci. C, Polymer Symposia *16*, 4515 (1969). — Guyot, A., Vialle, J.: J. Makromol. Sci. Chem. *4*, 107 (1970).
42) Stearns, R. S.: A.P. 3147242 (1964), Firestone Tire & Rubber Co.
43) Schué, F.: Bull. Soc. Chim. France 980 (1965). — Jenner, G.: Bull. Soc. Chim. France 1127 (1966).
44) Friedmann, G., Schué, F., Brini, M., Deluzarche, A., Maillard, A.: Bull. Soc. Chim. France 1343 (1965).
45) Forman, L. E.: High Polymers *23*, 535 (1969).
46) Chem. Abstracts *71*, 125684 y (1969).
47) Johnson, A. F., Worsfold, D. J.: Makromol. Chem. *85*, 273 (1965). — Hoffmann, M., Pampus, G., Marwede, G.: Kautschuk, Gummi, Kunststoffe *22*, 691 (1969).
48) Railsback, H. E., Biard, C. C., Haws, J. R., Wheat, R. C.: Rubber Age *94*, 583 (1964).
49) Rubber Plastics Age *46*, 690 (1965); Mod. Plastics *43*, (10) 77 (1966). — Alliger, G., Weissert, F. C.: Ind. Eng. Chem. *58* (8), 36 (1966); A.P. 3265765 (1966), Shell Chem. — Brydson, J.: Polymer Age *1*, 17 (1970).
50) U.a. bringt z.Z. die Firestone Tire & Rubber Co. die Polymeren unter dem Namen ® Duraden auf den Markt, DAS 1300239 (1963) Firestone Tire & Rubber Comp. — Oberster, A. E., Bebb, R. L.: Vortrag G.d.Ch. Nauheim 14.4.1970.
51) Haws, J. R.: Rubber Plastics Age *46*, 1144 (1965).
52) Wofford, C. F., Hsieh, H. L.: J. Polymer Sci. *A-1*, 7, 461 (1969). — Kraus, G., Gruver, J. T.: J. Appl. Polymer Sci. *11*, 2121 (1967). — Kraus, G., Rollmann, W.: Vortrag G.d.Ch. Nauheim 14.4.1970.
53) O.S. 1815619 (1968), Firestone Tire & Rubber Comp.
54) Ziegler, K., Dersch, F., Wollthan, H.: Ann. *511*, 13 (1934). — Ziegler, K.: Angew. Chem. *68*, 721 (1956).
55) Heuck, C.: Chemiker-Ztg. *94*, 147 (1970); DRP 524668 (1929), A.P. 1921867, I.G. Farbenindustrie.
56) Waack, R., Rembaum, A., Coombes, J. D., Szwarc, M.: J. Am. Soc. *79*, 2026 (1957). — Brody, H., Ladacki, M., Milkovitch, R., Szwarc, M.: J. Polymer Sci. *25*, 221 (1957).
57) Ca.P. 835492, Universal Oil Products Co.
58) Morton, A. A., et al.: Am. Chem. Soc. *68*, 93 (1946); *69*, 950 (1947); *71*, 481, 487 (1949); *72*, 3785 (1950); Ind. Eng. Chem. *42*, 1488 (1950); *44*, 2876 (1952); Rubber Chem. Technol. *24*, 35 (1951).
59) Hansley, V. L., Greenberg, H.: Rubber Chem. Technol. *38*, 103 (1965).
60) F.P. 1578573 (1969); A.P. 3067187 (1962), 3223691 (1965), National Distillers a Chem. Corp.
61) Hansley, V. L., et al.: Rubber Age *94* (1), 87 (1963). DBP 1133555 (1961), National Distillers and Chem. Corp.; O.S. 1804166 (1968), Bridgestone Tire Comp.
62) B.P. 738066, Goodyear Tire & Rubber Comp.
63) Sato, T.: Rubber Age *102*, 1, 64 (1970); Rubber World *161*, 67 (1969); O.S. 1807947 (1968), Nippon Petrolchemie Comp., O.S. 1903514 (1969), Japan Synthetic Rubber Co. — Newberg, R. G., Greenberg, H., Sato, T.: Rubber Chem. Technol. *43*, 333 (1970).
64) Stewart, R. A., Williams, H. L.: Ind. Eng. Chem. *451*, 73 (1953).

65) Braun, D., Herner, M., Johnsen, U., Kern, W.: Makromol. Chem. *51*, 15 (1962).
— Braun, D.: In: Ketley, A. D., The Stereochemistry of Makromolekules, Vol. 2, S. 1—31. New York: Marcel Dekker Inc. 1967.

66) A.P. 2965624 (1960), Phillips Petroleum Comp.

67) Kistler, J. P., Friedmann, G., Kaempf, B.: Rev. Gen. Caoutchouc Plast. *46*, 989 (1969).

68) Jackson, H. L.: A.P. 2908672 (1957), 2908673 (1957), Du Pont.

69) Reich, L., Schindler, A.: Polymerisation by Organometallic Compounds. New York: Interscience Publishers 1966.

70a) Gaylord, N. G., Svestka, M.: J. Polymer Sci. *B 7*, 55 (1969).

70b) Marvel, C. S., Gilkey, R., Morgan, C. R., Noth, J. F., Rands, R. D., Jr., Young, C. H.: J. Polymer Sci. *6*, 483 (1951). — Richardson, W. S.: J. Polymer Sci. *13*, 325 (1954).

71) Kennedy, J. P.: J. Polymer Sci. *A-1*, 6, 3139 (1968). — Kennedy, J. P., William, G. E.: Advan. Chem. Ser. *91*, 287 (1969). — Tew, H. J.: Rubber Plastics Age *50*, 883 (1969).

72) Weber, H., Schleimer, B.: Brennstoff-Chem. *49*, 329 (1968).

73) Ziegler, K.: Angew. Chem. *68*, 581 (1956); Houben-Weyl 4. Aufl. *Bd. XIV/1*, 630 (1961).

74) Beermann, C., Bestian, H.: Angew. Chem. *71*, 618 (1959).

75) Kühlein, K., Clauss, K.: Makromolekulares Kolloquium, Freiburg 1969.

76) Gumboldt, A.: Fortschr. chem. Forsch. *16*, Heft 3/4, 299 (1970); Houben-Weyl, 4. Aufl. *Bd. XIII/4*, 1 (1970).

77) Natta, G.: Chim. Ind. *39*, 653 (1957). — Gippin, M.: Ind. Eng. Chem. Prod. Res. Develop. *1* (1), 32 (1962); *4* (3), 160 (1965). — Longiave, C., Castelli, R., Croce, G. F.: Chim. Ind. *43*, 625 (1961). — Bawn, C. E. H.: Rubber Plastics Age *46*, 510 (1965). — Diaconescu, A. I., Medvedev, S. S.: J. Polymer Sci. *A 3*, 31 (1965). — Longiave, C., Castelli, R.: J. Polymer Sci. *C* (4), 387 (1964); DBP 1143333 (1963), Shell Int. Research.

78) Saltman, W. M., Gibbs, W. E., Lal, J.: J. Am. Chem. Soc. *80*, 5615 (1958). — Saltman, W. M., Link, T. H.: Ind. Eng. Chem. Prod. Res. Develop. *3* (3), 199 (1964).

79) Kitagawa, S., Harada, Z.: Japan Chem. Quarterly *4* (1), 41 (1968).

80) DAS 1251540 (1960), Shell. Int. Research; Ca.P. 835491, Polymer Corp. Ltd.

81) Longiave, C., Castelli, R., Ferraris, M.: Chim. Ind. *44*, 725 (1962); I. P. 687758 (1963), Montecatini.

82) DBP 1180528 (1963); E.P. 1042802 (1963); F.P. 1380047 (1963); DBP 1199992 (1963); E.P. 1058677 (1963); F.P. 1396838 (1963), Chem. Werke Hüls AG.

83) Weber, H., Schleimer, B., Winter, H.: Makromol. Chem. *101*, 320 (1967).

84) Throckmorton, M. C.: Kautschuk, Gummi, Kunststoffe *22*, 293 (1969); O.S. 1542529 (1964), Union Carbide Corp.

85) DBP 1292846 (1963); E.P. 1140018 (1967); F.P. 1518385 (1967), Chem. Werke Hüls AG.

86) Schleimer, B., Weber, H.: Vortrag G.d.Ch. Nauheim 14.4.1970.

87) Natta, G., Porri, L., Corradini, P., Morero, D.: Chim. Ind. *40*, 362 (1958). — Natta, G., Porri, L., Mazzei, A.: Chim. Ind. *41*, 116 (1959).

88) Cooper, W., Degler, G., Eaves, D. E., Hank, R., Vaughan, G.: Advan. Chem. Ser. *52*, 46 (1966).

89) DBP 1268394 (1964); F.P. 1439294 (1964); E.P. 1096347 (1964), Chem. Werke Hüls AG.

H. Weber

90) Natta, G., Porri, L., Zanini, G., Fiore, L.: Chim. Ind. *41*, 526 (1959). — Susa, E.: J. Polymer Sci. *C-4*, 399 (1964).

91) Natta, G., et al.: Chim. Ind. *41*, 1163 (1959); O.S. 1420571 (1957), Montecatini.

92) Natta, G., et al.: Makromol. Chem. *77*, 126 (1964). — Wilke, G.: Angew. Chem. *68*, 306 (1956). — Breil, H., et al.: Makromol. Chem. *69*, 18 (1963); F.P. 1154938 (1956); O.S. 1420558 (1956), Montecatini; 1420837 (1956), K. Ziegler.

93) E.P. 827365 (1954), Goodrich-Gulf Chem. Inc.

94) Schoenberg, E., Chalfant, D. L., Mayor, R. H.: Rubber Chem. Technol. *37*, 103 (1964). — Saltman, W. M.: J. Polymer Sci. *A 1*, 373 (1963).

95) Gibbs, C. F., Horne, S. E., Macey, J. H., Jr., Tucker, H.: Rubber World *144*, 69 (1961).

96) Schoenberg, E., Chalfant, D. L., Hanlon, T. L.: Advan. Chem. Ser. *52*, 6 (1966).

97) D'Janni, J. D.: Kautschuk, Gummi, Kunststoffe *19*, 138 (1963); O.S. 1495933 (1963), Goodyear Tire & Rubber Comp.

98) I.P. 545952 (1955), Montecatini.

99) Natta, G., Porri, L., Corradini, P., Morero, D.: Chim. Ind. *40*, 362 (1958); I.P. 553904 (1955), Montecatini.

100) Lasky, J. S., Garner, H. K., Ewart, R. H.: Ind. Eng. Chem. Prod. Res. Develop. *1*, 82 (1962); B.P. 587628 (1960), U.S. Rubber Co.

101) Pasquon, I., Porri, L., Zambelli, A., Ciampelli, F.: Chim. Ind. *43*, 509 (1961).

102) Bresler, L. S., Dolgoplosk, B. A., Kolchkowa, M. F., Kropacheva, E. N.: Rubber Chem. Technol. *36*, 121 (1963).

103) Natta, G., Porri, L.: High Polymers *XXIII*, II, 597 (1969). New York: Interscience Publishers.

104) O.S. 1570286 (1965), 1570287 (1965); DAS 1570293 (1965), Bridgestone Tire Comp.

105) Natta, G., Valvassori, A., Sartori, G.: High Polymers *XXIII*, II, 679 (1969).

106) Junghans, V. E., Gumboldt, A., Bier, G.: Makromol. Chem. *58*, 18 (1962).

107) Gumboldt, A., Helberg, J., Schleitzer, G.: Makromol. Chem. *101*, 229 (1967).

107a) O.S. 1570726 (1964), Farbwerke Hoechst AG.

108) O.S. 1595442 (1966); E.P. 1190100 (1967); F.P. 1534599 (1967), Chem. Werke Hüls AG.

109) Natta, G., Crespi, G., Valvassori, A., Sartori, G.: Rubber Chem. Technol. *36*, 1583 (1963).

110) German, R., Hank, R., Vaughan, G.: Kautschuk Gummi *19*, 67 (1966). — Gladding, E. K., Fisher, B. S., Collette, J. W.: Ind. Eng. Chem. Prod. Res. Develop. *1*, 65 (1962). — Sartori, G., Valvassori, A., Faina, S.: Rubber Chem. Technol. *38*, 620 (1965). — Cunningham, R. E.: J. Polymer Sci. *A 3*, 3157 (1965); *A 1* (4), 1203 (1966). — Fujimoto, K., Nakade, S.: J. Appl. Polymer Sci. *13*, 1509 (1969).

111) Hersteller Union Carbide Corp., Produktion in Institute, West. Va., USA.

112) Blümel, H., Stemmer, H. D.: Kautschuk, Gummi, Kunststoffe *21*, 547, 615 (1968).

113) Kerrutt, G., Blümel, H., Weber, H.: Kautschuk, Gummi, Kunststoffe *22*, 413 (1969).

114) Gumboldt, A.: Fortschr. chem. Forsch. *16*, Heft 3/4, 299 (1970).

115) van de Kamp, F. P.: Makromol. Chem. *93*, 202 (1966).

116) U.S.-Patent 3074918 (1957) entspricht der DAS 1072811 (1960), Du Pont. Erfinder: H. S. Eleuterio.

117) Dall'Asta, G., Mazzanti, G., Natta, G., Porvi, L., bzw. Motroni: Makromol. Chem. *56*, 224 (1962); *69*, 163 (1963); Angew. Chem. *76*, 765 (1964). — Natta, G., Dall'Asta, G., Bassi, I. W., Carella, G.: Makromol. Chem. *91*, 87 (1966). — Dall'Asta, G.: Vortrag G. d. Ch. Nauheim, 13.4.1970. — Dall'Asta, G., Manetti, R.: European Polymer J. *4*, 145 (1968). — Dall'Asta, G., Scaglione, P.: Rubber Chem. Technol. *42*, 1235 (1969).

118) Calderon, N., Ofstead, E. A., Ward, J. P., Judy W. A., Scott, K. W.: J. Am. Chem. Soc. *90*, 4133 (1968). — Scott, K. W., Calderon, N., Ofstead, E. A., Judy, W. A., Ward, J. P.: Advan. Chem. Ser. *91*, 399 (1969). — Calderon, N., Ofstead, E. A., Judy, W. A.: J. Polymer Sci. *A 1*, 5, 2209 (1967).

119) Banks, R. L., Bailey, G. C.: Ind. Eng. Chem. Prod. Res. Develop. *3*, 170 (1964). — Bradshaw, C. P. C., Howman, E. J., Turner, L.: J. Catalysis *7*, 269 (1967). — Bailey, G. C. in: Catalysis Rev. *III*, 37 (1970). New York: Marcel Dekker Inc.

120) Natta, G., Dall'Asta, G.: High Polymers, Vol. XXIII, 703.

121) Scott, K. W., Calderon, N., Ofstead, E. A., Judy, W. A., Ward, J. P.: National ACS Meeting, San Francisco, April 1968, Paper L 54.

122) Natta, G., Dall'Asta, G., Bessi, I. W., Carella, G.: Makromol. Chem. *91*, 87 (1966).

123) Natta, G., Zambelli, A., Pasquon, I., Ciampelli, F.: Makromol. Chem. *79*, 161 (1964).

124) Pampus, G., et al.: Vortrag G. d. Ch. Nauheim 13.4.1970.

125) Ofstead, E. A.: Vortrag auf dem 4. Int. Synthetic Rubber Symposium, London 1969.

126) Natta, G., Dall'Asta, G., Porri, L.: Makromol. Chem. *81*, 253 (1965).

127) Truett, W. L., Johnson, D. R., Robinson, I. M., Montague, B. A.: J. Am. Chem. Soc. *82*, 2337 (1960).

128) Tsujino, T., Saegusa, T., Kobayashi, S., Furukawa, J.: J. Chem. Soc. Japan *67*, 1961 (1964).

129) Oshika, T., Tabuchi, H.: Bull. Chem. Soc. Japan *41*, 211 (1968).

130) Marshall, P. R., Ridgewell, B. J.: European Polymer J. *5*, 29 (1969); O. S. 1937495 (1969), Shell Int. Research.

131) Imoto, M., Otsu, T., Nakabayashi, M.: Makromol. Chem. *65*, 194 (1963). — Imoto, et al.: Makromol. Chem. *65*, 174, 180, 195 (1963), *82*, 277 (1965).

132) Yabumoto, S., et al.: J. Polymer Sci. *A-1 7*, 1577, 1683 (1969).

133) Hirooka, M., et al.: J. Polymer Sci. *B 5*, 47 (1967); *A-1*, 6, 1381 (1968). — O. S. 1645248 (1965), 1645365 (1966), 1645377 (1966), 1945378 (1966), 1949370 (1969), Sumitomo Chem. Comp. Ltd.

134) Furukawa, J., Iseda, Y.: J. Polymer Sci. *B 7*, 47 (1969); *8*, 47 (1970); DRP 1935384 (1969), O. S. 1945129 (1969); Maruzen Petrochemical Co. — Furukawa, J., Iseda, Y., Haga, K., Kataoka, N.: J. Polymer Sci. *A-1*, 8, 1147 (1970).

135) Natta, G., et al.: Makromol. Chem. *79*, 161 (1964).

136) Furukawa, J., Hirai, R., Nakaniwa, M.: J. Polymer Sci. *B 7*, 671 (1969).

137) Haas, H. C., Kargin, E. R.: J. Polymer Sci. *9*, 588 (1952).

138) Gaylord, N. G., Takahashi, A.: J. Polymer Sci. *B 6*, 743 (1968), Advan. Chem. Ser. *91*, 94 (1969). — Gaylord, N. G.: ACS Div. Polymer Chem. Polymer Preprints *11*, 27 (1970). — Takahashi, Gaylord, N. G.: J. Makrom. Sci. Chem. *4*, 127 (1970).

Eingegangen am 13. April 1970

Technische Herstellung und Verwendung von Organozinnverbindungen

Dr. A. Bokranz und Dr. H. Plum

Schering AG, Bergkamen, Westfalen

Inhalt

I. Einleitung

Obwohl Organozinnverbindungen bereits um die Mitte des vorigen Jahrhunderts von C. Loewig [1] und E. Frankland [2] beschrieben wurden und somit zu den am längsten bekannten Organometallverbindungen gehören, vollzog sich die weitere Entwicklung der Organozinnchemie relativ langsam.

Nahezu 100 Jahre galten Organozinnverbindungen als eine zwar wissenschaftlich recht interessante Stoffklasse, waren jedoch technisch ohne jede Bedeutung. Erst nachdem man ihre Eignung als PVC-Stabilisatoren und ihre biozide Wirksamkeit entdeckt hatte, fanden sie ab etwa 1950 auch Eingang in die Technik.

Dann aber setzte ein sprunghafter Anstieg der Produktion und Verwendung dieser Verbindungen ein. Während 1950 die Weltproduktion noch wenige Tonnen betrug, wurden 1969 ca. 14 000 Tonnen Organozinnverbindungen im Werte von etwa 300 Millionen DM hergestellt, und es hat den Anschein, als ob die technische und wirtschaftliche Bedeutung dieser Verbindungen noch weiter zunehmen wird, zumal in jüngster Zeit neue, interessante Anwendungsmöglichkeiten gefunden wurden.

Unter Organozinnverbindungen verstehen wir nur solche Verbindungen, die mindestens eine Sn—C-Bindung aufweisen.

Die weitaus größte Anzahl und darunter die technisch wichtigen Organozinnverbindungen enthalten meist nur ein Zinn-Atom im Molekül, welches in tetraedrischer Anordnung vier Substituenten trägt. Man könnte sich diese Verbindungen formal von SnH_4 abgeleitet denken. Da jedoch die überwiegend kovalente Sn—C-Bindung der C—C-Bindung sehr viel ähnlicher ist als der Sn—H-Bindung, erscheint es besser, die Organozinnverbindungen als vom R_4Sn (R = Kohlenwasserstoffrest) abgeleitet zu betrachten, wobei ein oder mehrere R durch andere Substituenten X (Halogen, —OH, —OR', —SH, —SR', —OOCR', —O—SnR_3, —NR_2' usw.) ersetzt sein können. Nach der Anzahl der vorhandenen Sn—C-Bindungen, d. h. der Substituenten R, unterscheidet man so Tetra-, Tri-, Di- und Mono-organozinnverbindungen:

$$R_4Sn \qquad R_3SnX \qquad R_2SnX_2 \qquad RSnX_3$$

Diese Klassifizierung erweist sich für die Praxis sehr zweckmäßig:

1. Die Tetraorganozinnverbindungen dienen als Ausgangsstoffe für die Herstellung von Tri-, Di- und Monoorganozinnverbindungen.

2. Die Anzahl der am Sn gebundenen Substituenten R hat einen entscheidenden Einfluß auf die Eigenschaften der Verbindungen.

So nimmt in der genannten Reihenfolge für Verbindungen mit X = Halogen die Löslichkeit in organischen Lösungsmitteln ab und die Wasserlöslichkeit zu.

Während die Verbindungen vom Typ R_4Sn den Paraffinen ähneln und zu den stabilsten Organometallverbindungen überhaupt gehören, zeigen die niederen Alkylzinntrihalogenide in ihren physikalischen und chemischen Eigenschaften große Ähnlichkeit mit den Zinntetrahalogeniden.

Bei den sauerstoff-haltigen Verbindungen ist in der Reihenfolge

$$R_3SnOH \; - \; R_2SnO \; - \; RSnOOH$$

eine Abnahme der basischen Eigenschaften zu beobachten: Trialkylzinnhydroxide sind ausgesprochene Basen. Sie spalten mehr oder weniger leicht Wasser ab unter Bildung von Stannoxanen $(R_3Sn)_2O$. Dialkylzinnoxide sind hingegen unlösliche Polymere und zeigen nur noch einen ganz schwachen basischen Charakter, während die Alkylstannonsäuren RSnOOH schon imstande sind, wasserlösliche Alkalisalze zu bilden.

Schließlich ist die obige Einteilung auch hinsichtlich der *Verwendung* der Organozinnverbindungen sehr vorteilhaft:

So haben z.B. alle Verbindungen des Typs R_3SnX wegen der für diese Gruppe charakteristischen, hohen bioziden Wirksamkeit eine große Anwendung auf diesem Sektor gefunden, während die als PVC-Stabilisatoren eingesetzten Organozinnverbindungen ausschließlich den Typen R_2SnX_2 und $RSnX_3$ angehören.

II. Technische Herstellung von Organozinnverbindungen

Von der Vielzahl der bekannten Möglichkeiten zur Darstellung von Organozinnverbindungen [3-9)] kommen technisch nur vier Verfahren zur Anwendung (Abb. 1):

① das Grignard-Verfahren,
② das Wurtz-Verfahren,
③ das Aluminiumalkyl-Verfahren,
④ die Direkt-Synthese.

Während in der Direkt-Synthese metallisches Zinn mit Alkylhalogeniden direkt zu Dialkylzinndihalogeniden umgesetzt wird, gehen die anderen Verfahren vom Zinntetrachlorid aus und führen zu Tetraorganozinnverbindungen, aus denen dann mit weiterem Zinntetrachlorid in einem nachfolgenden Komproportionierungs-Verfahren ⑤ die gewünschten Mono-, Di- bzw. Triorganozinnchloride hergestellt werden.

Triphenylzinnchlorid wird technisch ausschließlich über das Grignard-Verfahren gewonnen.

Die Umwandlung der Organozinnhalogenide in weitere für die Anwendung wichtige Organozinnderivate bietet technisch keine besonderen

Schwierigkeiten. Sie gelingt durch Umsetzung der Halogenide mit den entsprechenden Alkalimetallderivaten oder verläuft über die durch alkalische Verseifung leicht zugänglichen Organozinnoxide bzw. -hydroxide.

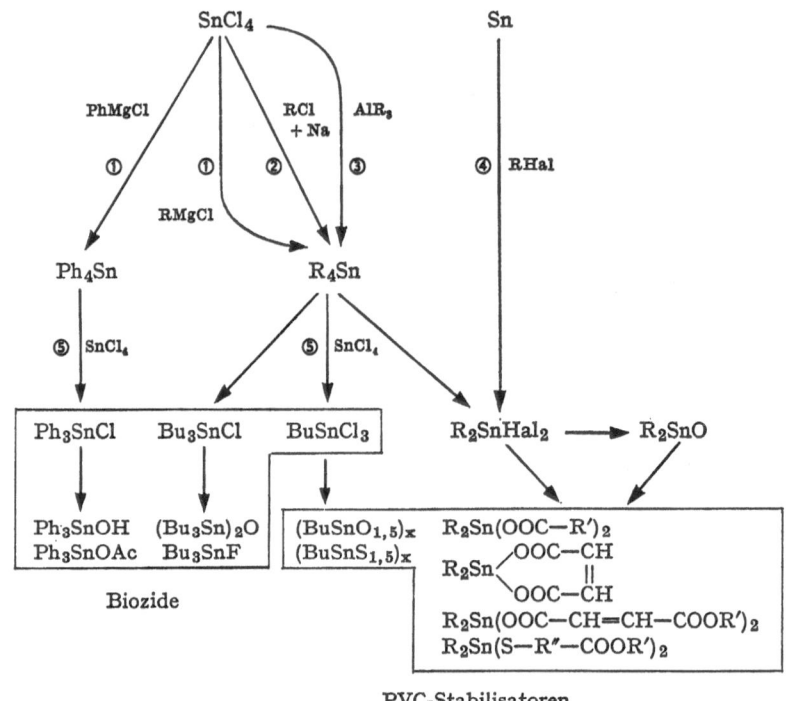

Abb. 1. Technische Herstellung von Organozinnverbindungen (Übersicht)

1. Grignard-Verfahren

Der größte Teil aller technisch wichtigen Organozinnverbindungen wird heute noch nach dem seit Jahrzehnten ausgeübten Grignard-Verfahren hergestellt.

$$4\ Mg\ +\ 4\ RCl\ \longrightarrow\ 4\ RMgCl \tag{1}$$

$$4\ RMgCl\ +\ SnCl_4\ \longrightarrow\ R_4Sn\ +\ 4\ MgCl_2 \tag{2}$$

$$4\ Mg\ +\ 4\ RCl\ +\ SnCl_4\ \longrightarrow\ R_4Sn\ +\ 4\ MgCl_2 \tag{3}$$

Dies ist um so verwunderlicher, als jeder der beiden Verfahrensschritte, die Herstellung der Grignard-Verbindung (1) und die Alkylierung des Zinntetrachlorids (2), eine Reihe von Problemen aufwirft:

Zunächst ist es für den Schritt (1) wichtig, durch geeignete Art und Aktivierung des Magnesiums das Anspringen der Reaktion zu gewährleisten. Dann aber soll die Reaktion, welche die Anwesenheit von Äther erfordert und stark exotherm ist, nicht zu stürmisch verlaufen, um Nebenreaktionen (Bildung von R—R, Alkylierung des Lösungsmittels o.ä.) zu vermeiden. Hierzu ist sie in starker Verdünnung und bei möglichst tiefer Temperatur auszuführen.

Andererseits erfordert die Alkylierung (2) des Zinntetrachlorids mindestens eine Temperatur von 80 °C, wenn sie vollständig verlaufen soll und man nicht einen sehr großen Überschuß an RMgCl verwenden will. Deshalb destilliert man entweder vorher den Äther ab und fügt ein zweites, höher siedendes Lösungsmittel hinzu oder benutzt von vornherein einen höher siedenden Äther (Dibutyläther oder Tetrahydrofuran). Eine völlige Alkylierung läßt sich dennoch nicht ganz erzielen; geringe Anteile an R_3SnCl stören jedoch die ohnehin nachfolgende Komproportionierung des R_4Sn mit $SnCl_4$ zu den gewünschten Alkyl- bzw. Arylzinnchloriden nicht.

Trotz der genannten Schwierigkeiten und des damit verbundenen verfahrenstechnischen Aufwandes, insbesondere wegen der großen Lösungsmittelmengen, hat sich das Grignard-Verfahren in der Praxis behaupten können und zeichnet sich durch hohe Ausbeuten und große Flexibilität aus [10].

So ist es die einzige technische Methode, nach der zur Zeit Phenylzinnverbindungen hergestellt werden, wobei Tetrahydrofuran und Toluol das bevorzugte Lösungsmittelgemisch zu sein scheint [11].

Das Grignard-Verfahren wird aber auch zur Herstellung von Propyl-, Butyl- und Octylzinnverbindungen in großem Maßstabe benutzt.

Besonders erwähnenswert ist die im Fließbild (Abb. 2) gezeigte, einstufige Herstellung von Tetrabutylzinn [12].

Hier ist es gelungen, die Äthermenge auf einen katalytischen Anteil zu reduzieren. Im übrigen arbeitet man mit Toluol als Lösungsmittel. Es wird zunächst eine kleine Menge Grignard-Verbindung hergestellt und dann im gleichen Reaktionsgefäß Butylchlorid und Zinntetrachlorid nach (3) zu dem aktivierten Magnesium hinzugegeben.

2. Wurtz-Verfahren

Ersetzt man in dem zuletzt genannten Grignard-Verfahren (3) das Magnesium durch Natrium, so kommt man zu einer weiteren Herstellungsmöglichkeit für Tetraorganozinnverbindungen, der Wurtz-Synthese (4).

$$8\,Na + 4\,RCl + SnCl_4 \longrightarrow R_4Sn + 8\,NaCl \tag{4}$$

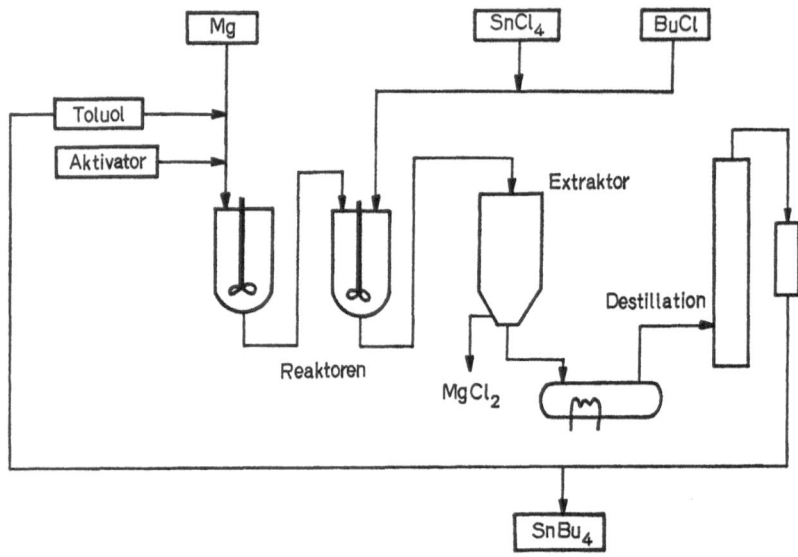

Abb. 2. Verfahren zur Herstellung von Tetrabutyl-zinn [12] (M&T Chemicals, Inc).

Auch diese Reaktion ist auf ihre Brauchbarkeit geprüft worden. Ähnlich wie bei der Grignard-Synthese ist für einen glatten Verlauf der Reaktion und eine Unterdrückung der bekannten Bildung von R—R die Anwesenheit größerer Lösungsmittelmengen erforderlich. Man arbeitet mit einer Suspension von Natrium in Kohlenwasserstoff, z. B. Benzol. Damit läßt sich allerdings eine weitere Nebenreaktion, die Reduktion von $SnCl_4$ zu $SnCl_2$ bzw. metallischem Zinn durch das Natrium, noch nicht vermeiden, durch die eine erhebliche Ausbeuteminderung eintritt.

Führt man die Wurtz-Synthese mit Alkylzinnchloriden anstelle von Zinntetrachlorid durch, so findet eine solche Reduktion nicht statt. Diese Beobachtung wurde benutzt, um in Verbindung mit der ohnehin erforderlichen, nachfolgenden Komproportionierung die Wurtz-Synthese zu einem ersten, technisch brauchbaren Verfahren [13] zu entwickeln (5).

$$Bu_2SnCl_2 + 2\,BuCl + 4\,Na \longrightarrow Bu_4Sn + 4\,NaCl$$

$$Bu_4Sn \quad + \quad SnCl_4 \longrightarrow 2\,Bu_2SnCl_2$$

$$4\,Na + 2\,BuCl + SnCl_4 \longrightarrow Bu_2SnCl_2 + 4\,NaCl \qquad (5)$$

Hierzu wird eine Startmenge an Bu_2SnCl_2 zunächst nach Wurtz in Tetrabutylzinn übergeführt, welches dann mit Zinntetrachlorid die doppelte Menge Bu_2SnCl_2 ergibt. Die Hälfte des so erhaltenen Dichlorids wird dann erneut zur Herstellung von Tetrabutylzinn benutzt usw.

Die Gesamtausbeute dieses Kreislaufverfahrens ist gut. Trotzdem hat dieses Verfahren nur eine begrenzte Anwendung gefunden.

Das gleiche gilt für ein weiteres technisches Verfahren [14], welches vom Zinntetrachlorid ausgeht und eine andere *Modifikation* der Wurtz-Synthese darstellt (6).

$$14\,Na + 7\,BuCl + 2\,SnCl_4 \longrightarrow Bu_4Sn + Bu_3SnCl + 14\,NaCl \qquad (6)$$

Die Reaktion wird so durchgeführt, daß sich äquimolare Mengen an Tetrabutylzinn und Tributylzinnchlorid bilden.

Wie bei allen bisher genannten Verfahren sind auch hier große Mengen Lösungsmittel erforderlich, allerdings kann man dazu höher siedende Kohlenwasserstoffe verwenden.

Beide Arten der Wurtz-Synthese sind auch mit Tetrabutylzinn als Lösungsmittel möglich [15].

3. Aluminiumalkyl-Verfahren

Nachdem die Aluminiumalkyle durch die Arbeiten von K. Ziegler [16] Eingang in die Technik gefunden hatten, wurde auch bald deren Brauchbarkeit zur Herstellung von Organozinnverbindungen untersucht [17].

Versucht man nun aber Zinntetrachlorid mit Trialkylaluminium nach (7) umzusetzen, so erhält man nicht als einziges Reaktionsprodukt das gewünschte Tetraalkylzinn, sondern stets Gemische von Tetraalkylzinn mit Trialkyl- und Dialkylzinnchlorid.

$$4\,R_3Al + 3\,SnCl_4 \longrightarrow 3\,R_4Sn + 4\,AlCl_3 \qquad (7)$$

Das bei der Umsetzung gebildete $AlCl_3$ verhindert offenbar durch Komplexbildung mit den Zwischenstufen R_2SnCl_2 und R_3SnCl deren weitere Alkylierung zum Tetraalkylzinn. Läßt man dagegen die Reaktion in Gegenwart eines für $AlCl_3$ stärkeren Komplexbildners, wie z.B. NaCl [18a], Äther oder tert. Amin [18b], ablaufen, so erfolgt die Alkylierung glatt und vollständig zum Tetraalkylzinn (8) [18].

$$4\,R_3Al + 3\,SnCl_4 + 4\,R_2O \longrightarrow 3\,R_4Sn + 4\,AlCl_3 \cdot R_2O \qquad (8)$$

Hieraus wurde ein neues technisches Verfahren entwickelt, nach welchem sowohl Tetrabutyl- als auch Tetraoctylzinn hergestellt werden (Abb. 3).

Gegenüber den vorgenannten Verfahren zeichnet sich dieses besonders vorteilhaft dadurch aus, daß es nur einen kleinen Reaktionsraum benötigt, kontinuierlich durchgeführt werden kann und völlig lösungsmittelfrei arbeitet. Außerdem lassen sich die erforderlichen Aluminiumalkyle

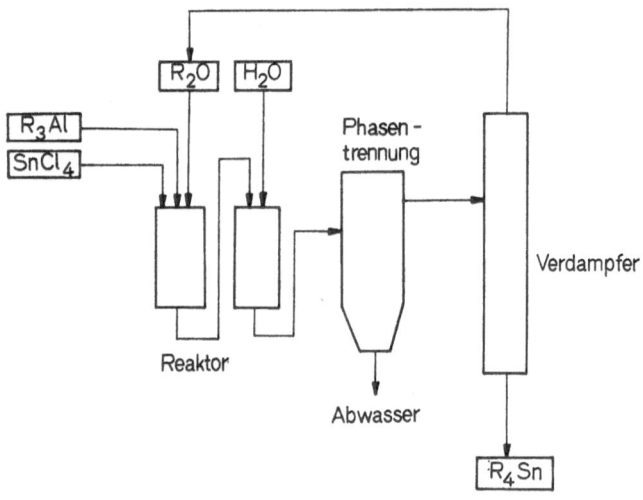

Abb. 3. Kontinuierliche Herstellung von Tetraalkyl-zinn (Schering AG., Bergkamen)

direkt aus den entsprechenden Olefinen gewinnen und brauchen nicht erst über die Alkylhalogenide hergestellt zu werden. Im übrigen ist das Aluminiumalkyl-Verfahren hinsichtlich der Art der Alkylgruppen genauso vielseitig wie das Grignard-Verfahren.

4. Direkt-Synthese

Die Reaktion zwischen metallischem Zinn und Alkylhalogenid, die sogenannte Direkt-Synthese, ist die älteste bekannte Darstellungsmethode für Organozinnverbindungen (9).

$$Sn + 2\,RHal \longrightarrow R_2SnHal_2 \qquad (9)$$

Sie hat jedoch verschiedene Nachteile gegenüber den vorgenannten Methoden:

a) Es lassen sich nur Dialkylzinnhalogenide, nicht aber Tetra-, Tri- oder Monoalkylzinnverbindungen herstellen.

b) Die Reaktionsgeschwindigkeit nimmt von den Alkyljodiden zu den -bromiden und -chloriden stark ab.

c) Als Folge der erforderlich werdenden höheren Reaktionstemperaturen tritt insbes. bei den länger kettigen Alkylhalogeniden in steigendem Maße eine Dehydrohalogenierung als Nebenreaktion auf.

Deshalb hat man für lange Zeit nur die Dimethylzinndihalogenide nach dieser Methode herstellen können.

Erst die Entdeckung geeigneter *Katalysatoren* ließ in den letzten Jahren die Direkt-Synthese zu einem technisch brauchbaren Verfahren zur Herstellung von Dibutyl- und auch Dioctylzinndihalogeniden werden.

Anfangs beschränkte sich das Verfahren auf die technische Herstellung von Dibutylzinndijodid in Gegenwart von Magnesium und Butanol [19]. Es hat dann hinsichtlich des Katalysators viele Abwandlungen erfahren [20], und heute läßt sich in Gegenwart von N-haltigen Katalysatoren auch Dioctylzinndijodid in guten Ausbeuten herstellen [21].

Trotzdem wird es nur dort technisch genutzt, wo bei der Weiterverarbeitung des Dialkylzinnjodids zum -oxid die Rückgewinnung des Jods wirtschaftlich durchführbar ist.

Es ist deshalb nicht verwunderlich, daß man intensiv nach Katalysatoren suchte, welche die Verwendung von Alkylbromiden und -chloriden ermöglichten. Aus der Fülle der als Katalysatoren vorgeschlagenen Verbindungen sollen hier nur einige genannt werden:

N- und P-haltige Verbindungen zus. mit J-Verbindungen [22],
Metallhalogenide zus. mit Chelatbildnern [23],
Organische Phosphite [23],
S- und Se-haltige Verbindungen [24],
Ammonium- und Phosphoniumverbindungen [25],
Halogenstannit- und -stannat-Anionen [26],
As- und Sb-trihalogenide [27],
Organo-Sb-Verbindungen [28].

Obwohl also geeignete Katalysatoren gefunden wurden und alle Verfahren kein Lösungsmittel erfordern, ist die Direkt-Synthese bisher, anscheinend wegen ihrer Beschränkung auf Dialkylzinndihalogenide, nur vereinzelt zur technischen Anwendung gekommen.

5. Komproportionierungs-Verfahren

Die nach dem Grignard- oder Aluminiumalkyl-Verfahren hergestellten Tetraorganozinnverbindungen lassen sich durch Komproportionierung mit Zinntetrachlorid nach Kozeschkow [29] in die gewünschten Tri-, Di- und Monoorganozinnverbindungen überführen (10–12).

$$3\,R_4Sn + SnCl_4 \longrightarrow 4\,R_3SnCl \qquad (10)$$

$$R_4Sn + SnCl_4 \longrightarrow 2\,R_2SnCl_2 \qquad (11)$$

$$R_4Sn + 3\,SnCl_4 \longrightarrow 4\,RSnCl_3 \qquad (12)$$

Zwei dieser Umsetzungen (10, 11) werden technisch zur Herstellung von Di- und Trialkylzinnchloriden sowie Triphenylzinnchlorid benutzt.

Die Komponenten werden hierzu einige Stunden auf ca. 200 °C erhitzt; Lösungsmittel sind nicht erforderlich.

Es können auch Gemische von Tetraalkylzinn und Trialkylzinnchlorid, wie sie beim Wurtz-Verfahren anfallen, verwendet werden.

Die dritte Umsetzung (12) ist zwar zur Darstellung von Phenylzinntrichlorid geeignet, aber nicht zur Herstellung der technisch wichtigen Alkylzinntrichloride. Der Grund hierfür ist zu erkennen, wenn man die einzelnen Teilschritte der oben in Form ihrer Bruttogleichungen angeführten Komproportionierungen betrachtet [30,31].

Zunächst bildet sich nämlich in jedem der Fälle in einer schon bei Zimmertemperatur sehr schnell ablaufenden Reaktion (13) ein Gemisch von $RSnCl_3$ und R_3SnCl. Daran schließen sich bei höherer Temperatur weitere Folgereaktionen an, und zwar im Falle des Einsatzes äquimolarer Mengen R_4Sn und $SnCl_4$ die Komproportionierung der beiden Reaktionsprodukte zu R_2SnCl_2 (14):

$$R_4Sn + SnCl_4 \longrightarrow RSnCl_3 + R_3SnCl \qquad (13)$$

$$RSnCl_3 + R_3SnCl \longrightarrow 2\,R_2SnCl_2 \qquad (14)$$

$$R_4Sn + SnCl_4 \longrightarrow 2\,R_2SnCl_2 \qquad (11)$$

Bei einem Überschuß an R_4Sn wird das nach (14) bzw. (15) intermediär gebildete R_2SnCl_2 mit diesem weiter zu R_3SnCl umgesetzt (16):

$$R_4Sn + SnCl_4 \longrightarrow RSnCl_3 + R_3SnCl \qquad (13)$$

$$R_4Sn + RSnCl_3 \longrightarrow R_2SnCl_2 + R_3SnCl \qquad (15)$$

$$R_4Sn + R_2SnCl_2 \longrightarrow 2\,R_3SnCl \qquad (16)$$

$$3\,R_4Sn + SnCl_4 \longrightarrow 4\,R_3SnCl \qquad (10)$$

Bei einem Überschuß an $SnCl_4$ werden folgende Reaktionsstufen angenommen:

$$R_4Sn + SnCl_4 \longrightarrow RSnCl_3 + R_3SnCl \qquad (13)$$

$$R_3SnCl + SnCl_4 \longrightarrow RSnCl_3 + R_2SnCl_2 \qquad (17)$$

$$R_2SnCl_2 + SnCl_4 \longrightarrow 2\,RSnCl_3 \qquad (18)$$

$$R_4Sn + 3\,SnCl_4 \longrightarrow 4\,RSnCl_3 \qquad (12)$$

Während hier sich Trialkylzinnchloride noch glatt mit dem überschüssigen $SnCl_4$ umsetzen lassen (17), verläuft der zur vollständigen Komproportionierung zu $RSnCl_3$ notwendige Teilschritt (18) bei den Dialkylzinnchloriden im Gegensatz zum Diphenylzinndichlorid extrem langsam und ist bisher nur in Gegenwart von $POCl_3$ möglich gewesen [31,32].

Zur technischen Herstellung der *Alkylzinntrichloride* begnügt man sich deshalb mit einer partiellen Komproportionierung von Tetraalkylzinn und Zinntetrachlorid entweder in äquimolaren Mengen bei ca. 20 °C entsprechend dem Teilschritt (13) [33] oder man kombiniert diesen mit der Folgereaktion (17), indem man Tetraalkylzinn und Zinntetrachlorid im Molverhältnis 1:2 auf ca. 100 °C erhitzt (19) [31,34]. Die Reaktionsprodukte werden in beiden Fällen durch anschließende Vakuumdestillation voneinander getrennt.

$$R_4Sn + 2\ SnCl_4 \longrightarrow 2\ RSnCl_3 + R_2SnCl_2 \tag{19}$$

III. Verwendung von Organozinnverbindungen

Es gibt bis heute unter den metallorganischen Verbindungen keine Gruppe, deren Vertreter eine so vielseitige und verschiedenartige Verwendung gefunden haben, wie die Organozinnverbindungen. Daran sind alle vier Grundtypen, nämlich die Tetra-, Tri-, Di- und Monoorganozinnverbindungen, wenn auch in quantitativ unterschiedlichem Maße, beteiligt.

A. Tetraorganozinnverbindungen

1. Stabilisatoren für Transformatoröle

Eine der ältesten Anwendungen von Organozinnverbindungen überhaupt betrifft die Stabilisierung von Transformatorölen gegen Zersetzung durch elektrische Vorgänge. Bei den Transformatorölen handelt es sich um chlorierte Aromaten wie Pentachlordiphenyl und Trichlorbenzol. Durch elektrische Funken- oder Lichtbogenbildung können sich diese Substanzen unter HCl-Abspaltung zersetzen. Da das HCl Korrosionen an Transformatorteilen verursacht, muß für seine Beseitigung gesorgt werden. Setzt man den Ölen Tetraalkyl- oder Tetraarylzinnverbindungen [35,36,37] zu, dann wirken die Zinnverbindungen als HCl-Fänger. So reagiert beispielsweise Tetraphenylzinn mit HCl unter Bildung von Phenylzinnchloriden und Benzol. Ein Mol Tetraphenylzinn kann maximal vier Mole HCl aufnehmen. Man benötigt daher nur sehr geringe Stabilisatormengen.

2. Katalysatoren für die Olefinpolymerisation

Aethylen und andere Olefine lassen sich unter Niederdruck mit Katalysatorsystemen polymerisieren, die neben $TiCl_4$ und $AlCl_3$ noch eine Tetraalkyl- oder -arylzinnverbindung, z.B. Bu_4Sn, enthalten [38]. Da intermediär ein Alkylaustausch zwischen der Zinnverbindung und dem $AlCl_3$ eintritt, handelt es sich im Endeffekt um eine Polymerisation mit Ziegler-Natta-Katalysatoren. Der Vorteil dieses Verfahrens ist darin zu sehen, daß Organozinnverbindungen wesentlich stabiler sind als Aluminiumalkyle und leichter gehandhabt werden können. Das Verfahren wird zur Zeit großtechnisch ausgeführt.

B. Triorganozinnverbindungen

1. Biozide Eigenschaften

Die wohl hervorstechendste Eigenschaft der Triorganozinnverbindungen ist ihre außerordentliche Wirksamkeit gegen die verschiedensten Mikroorganismen wie *Pilze, Bakterien* und *Algen*.

Diese biozide Wirkung wurde von van der Kerk u. Mitarb. [39] im Rahmen ihrer umfassenden und wegweisenden Arbeiten über Chemie und Anwendungsmöglichkeiten der Organozinnverbindungen gefunden.

Im Gegensatz zum Blei und Quecksilber, bei denen sowohl die Metalle selbst, als auch ihre anorganischen und metallorganischen Verbindungen, biozide Eigenschaften aufweisen, ist diese Wirkung beim Zinn allein auf die Organozinnverbindungen beschränkt. Metallisches Zinn und anorganische Zinnverbindungen sind praktisch unwirksam.

Wirkung gegen Bakterien und Pilze

Von den vier Grundtypen der Organozinnverbindungen sind die Triorganozinnverbindungen bei weitem am wirksamsten, während die Mono-, Di- und Tetraorganozinnverbindungen eine wesentlich geringere bzw. gar keine biozide Aktivität zeigen (Tabelle 1).

Tabelle 1. *Minimale Hemmkonzentrationen von Organozinnverbindungen gegen Bakterien (MHK-Werte in ppm) (Methode: Reihenverdünnungstest)* [127]

Verbindung	*Staph. aureus*	*Esch. coli*
$(nC_4H_9)_4Sn$	>200	>200
$(nC_4H_9)_3SnCl$	0,8	3,1
$(nC_4H_9)_2SnCl_2$	12,5	12,5
$(nC_4H_9)SnCl_3$	>200	>200

Die biozide Wirkung der Triorganozinnverbindungen wird überwiegend von der Kettenlänge der am Zinn gebundenen Kohlenwasserstoffreste bestimmt. Bei den Trialkylzinnverbindungen liegt das Wirkungsoptimum dann vor, wenn die Gesamt-C-Zahl der Alkylgruppen 9—12 beträgt, d. h. bei den Tripropyl- und Tributylzinnverbindungen [40]. Kürzere oder längere Alkylgruppen verringern die biozide Aktivität (Tabelle 2).

Tabelle 2. *Minimale Hemmkonzentrationen von Triorganozinnverbindungen gegen Pilze (MHK-Werte in ppm) (Methode: Rollkultur-Agartest)* [41]

Verbindung	Botrytis allii	Penicill. ital.	Asperg. niger	Rhizop. nigric.
Trimethylzinnacetat	200	500	200	500
Triäthylzinnacetat	1	10	2	2
Tripropylzinnacetat	0,5	0,5	0,5	0,5
Triisopropylzinnacetat	0,1	0,5	1	1
Tributylzinnacetat	0,5	0,5	1	1
Triisobutylzinnacetat	1	1	10	1
Tripentylzinnacetat	5	2	5	5
Trihexylzinnacetat	>500	>500	>500	>500
Triheptylzinnacetat	>500	>500	>500	>500
Triphenylzinnacetat	10	1	0,5	5

Von den Arylverbindungen haben nur Triphenylzinnverbindungen eine mit den Trialkylzinnverbindungen vergleichbare Wirkung.

Bei den Triorganozinnverbindungen ist die Natur der nicht über Kohlenstoff am Zinn gebundenen Substituenten (Säurerest) für die biozide Wirkung nur von untergeordneter Bedeutung (Tabelle 3).

Tabelle 3. *Minimale Hemmkonzentrationen einiger Tributylzinnverbindungen gegen Bakterien (MHK-Werte in ppm) (Methode: Reihenverdünnungstest)* [127]

Verbindung	Staph. aureus	Escher. coli	Pseudom. aerug.
TBT-chlorid	0,8	3,1	0,4
TBT-fluorid	0,8	3,1	0,2
TBT-formiat	0,8	3,1	1,6
TBT-phenolat	0,4	3,1	0,2
TBT-aminobenzoat	0,8	3,1	0,8
TBT-rhodanid	0,8	3,1	0,8
TBT-adipat	0,8	3,1	0,8

Der Säurerest kann aber die physikalischen Eigenschaften der Triorganozinnverbindung beeinflussen. So sind beispielsweise Tributylzinnchlorid oder -oxid flüssig, während Tributylzinnfluorid ein fester Körper mit hohem Schmelzpunkt ist.

Während die Hemmwirkung von Tripropyl- und Tributylzinnverbindungen gegen verschiedene Pilzarten annähernd gleich groß ist, treten bei Bakterien erhebliche Unterschiede auf (Tabelle 4).

Tabelle 4. *Minimale Hemmkonzentrationen von Tributyl- und Tripropylzinnverbindungen gegen Bakterien (MHK-Werte in ppm) (Methode: Reihenverdünnungstest)* [127]

Verbindung	Staph. aureus	Escher. coli
Bis-(tributylzinn)-oxid *)	0,2	3,1
Bis-(tripropylzinn)-oxid	1,6	0,8

*) Synonyme für Bis-(tributylzinn)-oxid: Hexabutyldistannoxan, Tributylzinnoxid, TBTO.

Tributylzinnverbindungen, z.B. das Bis-(tributylzinn)-oxid sind gegen gram-positive Bakterien (*Staph. aureus*) sehr wirksam, erheblich weniger aber gegen gram-negative Bakterien *(E. coli)*. Tripropylzinnverbindungen verhalten sich genau umgekehrt. Sie sind die einzigen Organozinnverbindungen, die auch auf gram-negative Bakterien stark hemmend wirken.

Wie ein Vergleich der pilzhemmenden Eigenschaften von Trialkylzinnverbindungen mit den in der Praxis viel verwendeten Bioziden Phenylquecksilberacetat und Pentachlorphenolnatrium zeigt, haben die Zinnverbindungen praktisch die gleiche Aktivität wie die Quecksilberverbindung. Sie sind dagegen wesentlich wirksamer als Pentachlorphenol-Verbindungen (Tabelle 5).

Tabelle 5. *Vergleich der minimalen Hemmkonzentrationen von Trialkylzinnverbindungen mit anderen Bioziden (MHK-Werte in ppm) (Methode: Reihenverdünnungstest)* [127]

Verbindung	Asperg. flavus	Penic. funic.	Chaetom. glob.	Paecilom var.	Pullul. pull.
Bis-(tributylzinn)-oxid	0,2	1,6	0,4	0,2	0,1
Bis-(tripropylzinn)-oxid	0,2	0,8	0,2	0,1	0,025
Pentachlorphenolnatrium	50	50	25	50	25
Phenylquecksilberacetat	0,1	10	0,8	0,1	0,05

Wirkung gegen Algen

Triorganozinnverbindungen wirken nicht nur gegen Bakterien und Pilze. Sie sind auch gegen Algen wirksam.

Die minimalen Hemmkonzentrationen an der einzelligen Alge *Chlorella pyrenoidosa* zeigt Tabelle 6.

Tabelle 6. *Minimale Hemmkonzentrationen von Trialkyl-zinnverbindungen gegen Chlorella pyrenoidosa (MHK-Werte in ppm) (Methode: Reihenverdünnungstest)* [127]

Verbindung	*Chlorella pyrenoidosa*
Bis-(tributylzinn)-oxid	0,5
Bis-(tripropylzinn)-oxid	0,5
Pentachlorphenolnatrium	50
Phenylquecksilberacetat	0,5

Die Wirkung der Organozinnverbindungen ist erheblich größer als die des Pentachlorphenolnatriums. Zwischen Zinn- und Quecksilberverbindungen bestehen keine Unterschiede.

2. Textilschutzmittel

Textilien aus pflanzlichem Material, z.B. Baumwoll- und Jutegewebe, werden relativ leicht von zellulose-abbauenden Pilzen und Bakterien angegriffen und bedürfen einer konservierenden Behandlung. Besonders dann, wenn sie im Freien verwendet werden oder einem Kontakt mit dem Erdboden ausgesetzt sind (Zelte, Abdeckplanen, Tauwerk).

Die *pilzhemmende Wirkung* von Textilschutzmitteln wird in Deutschland nach DIN 53931 geprüft. Es werden Gewebeproben, die das zu prüfende Mittel in verschiedenen Konzentrationen enthalten, einem Bewuchsversuch mit den Testpilzen *Aspergillus niger* und *Chaetomium globosum* unterworfen. Geprüft wird mit und ohne Wässerung der Proben. In Tabelle 7 ist das Ergebnis eines derartigen Tests mit den Organozinnverbindungen Tributylzinnoxid, -sulfid und -fluorid aufgeführt.

Alle 3 Triorganozinnverbindungen sind schon in der niedrigen Konzentration von 0,01% wirksam. Bei den höheren Gehalten bilden sich deutliche Hemmzonen des Pilzbewuchses um die Proben aus. Die Auswaschbeständigkeit der Zinnverbindungen ist bemerkenswert gut. Trotz 24stündigen Wässerns in fließendem Wasser ist keine wesentliche Abnahme der Wirksamkeit festzustellen.

A. Bokranz und H. Plum

Tabelle 7. *Bewuchstest nach DIN 53931* [127)]

Testpilz: *Chaetomium globosum*
Nährmedium: Hafermalz-Agar
Wässerung: 24 Stunden

Gehalt auf Gewebe	Bewuchs	
	ohne Wässerung	mit Wässerung
0,01% TBTO	kein	leicht, Randbewuchs
0,05% TBTO	kein, Hemmzone	kein
0,2% TBTO	kein, Hemmzone	kein, Hemmzone
0,01% TBTS	kein	kein
0,05% TBTS	kein, Hemmzone	kein
0,2% TBTS	kein, Hemmzone	kein, Hemmzone
0,01% TBTF	kein	kein
0,05% TBTF	kein, Hemmzone	kein, Hemmzone
0,2% TBTF	kein, Hemmzone	kein, Hemmzone
ohne	stark	stark

Erheblich höhere Anforderungen an ein Textilschutzmittel stellt der *Erdfaultest* nach DIN 53933. Bei dieser Prüfung werden Textilproben in Erde bestimmter Zusammensetzung vergraben und 4 Wochen dem Angriff von Pilzen und Bodenbakterien ausgesetzt. Ein verrottungsverhütendes Mittel gilt dann als ausreichend wirksam, wenn der Festigkeitsverlust der damit behandelten Textilien nach dem Vergraben nicht mehr als 10% gegenüber den nicht vergrabenen Mustern beträgt. Das Ausmaß der mikrobiellen Zerstörung ermittelt man durch Messung der Reißfestigkeit der Proben vor und nach dem Vergraben.

Tributylzinnoxid erweist sich in diesem Test als sehr wirksames Schutzmittel (Tabelle 8). Baumwollköper (275 g/m²) mit 0,1% Tributylzinnoxid zeigt nur einen Reißfestigkeitsverlust von 8%. Mit 0,5% der Verbindung werden die Gewebeproben praktisch völlig geschützt.

Tabelle 8. *Erdfaulversuch nach DIN 53933* [127)]

TBTO-Gehalt des Gewebes	Festigkeitsverlust
0,1%	8%
0,5%	3%
ohne	ca. 90% (starke Zerstörung)

Ausrüstung von Textilien mit Tributylzinnverbindungen

Tributylzinnverbindungen sind im allgemeinen in organischen Lösungsmitteln löslich und eine Ausrüstung von Textilien kann daher direkt aus diesen Lösungen heraus vorgenommen werden.

Sollen aber wäßrige Zubereitungen verwendet werden, dann ist wegen der Unlöslichkeit der Verbindungen in Wasser ein Zusatz von Emulgatoren erforderlich. Bewährt haben sich Alkylarylpolyglykoläther, doch können auch andere Emulgatortypen eingesetzt werden. In Wasser selbstemulgierende Tributylzinnverbindungen erhält man durch Umsetzen des Tributylzinnoxid mit Polyoxyäthylen-Derivaten von Fettsäuren [42].

Organozinnverbindungen lassen sich auch in Kombination mit wasser- oder ölabweisenden Mitteln, wie Siliconen oder Fluorcarbonharzen, anwenden (Tabelle 9). Die pilzhemmenden Eigenschaften der Zinnverbindungen werden dadurch nicht beeinträchtigt.

Tabelle 9. *Bewuchstest nach DIN 53931* [127]

Fluorcarbonharzgehalt: 5%
Nährmedium: Hafermalz-Agar
Testpilze: *Chaet. glob.*
   Trichod. viride
   Asp. niger

Gehalt der Verbindung auf dem Gewebe	Bewuchs
0,1% TBT-oxid	ohne, Hemmzone
0,1% TBT-sulfid	ohne, Hemmzone
0,1% TBT-versatat*)	ohne, Hemmzone
ohne	stark

*) Ester der Tetramethylvaleriansäure.

3. Holzschutzmittel

Holz wird aufgrund seiner chemischen Zusammensetzung oft von Pilzen und Insekten befallen. Um Schäden zu vermeiden, sind daher bei Verwendung von Holz als Baumaterial besondere Vorsichtsmaßnahmen zu beachten. In vielen Fällen muß das Holz durch chemische Mittel gegen Zerstörung geschützt werden. Triorganozinnverbindungen haben sich in zahlreichen Untersuchungen als wirksam zur Bekämpfung von holzzerstörenden Pilzen erwiesen [43,44,45,46,47]. Nach Brown [45] ist die Wirkung von Tributylzinnoxid etwa 10—15 mal größer als die von Pentachlorphenol.

Eine Prüfung von Holzschutzmitteln auf ihre Aktivität gegen *holzzerstörende Pilze* wird in Deutschland nach DIN 52176, Blatt 1, vorgenommen. Bei diesem Test tränkt man Klötzchen aus Kiefernsplintholz mit abgestuften Mengen des zu prüfenden Mittels und setzt sie dann mit und ohne vorherige Auslaugung durch Wasser dem Bewuchs der Testpilze aus. Der Grad der Holzzerstörung ergibt sich aus dem Gewichtsverlust der Hölzer. Die Wirksamkeit eines Mittels wird durch 2 Grenzwerte (in kg Schutzmittel pro m³ Holz) gekennzeichnet. Einem unteren, bei dem eine Holzzerstörung erfolgt und einem oberen, bei dem keine Zerstörung eingetreten ist.

Tabelle 10 gibt die Grenzwerte für Tributylzinnverbindungen nach DIN 52176 an.

Tabelle 10. *Grenzwerte von Tributylzinnverbindungen gegen holzzerstörende Pilze nach DIN 52176, Blatt 1 (in kg/m³)* *)

Testpilz	Ohne Auslaugung	Mit Auslaugung
TBTO		
Poria vapor.	0,022—0,058	0,021—0,055
Lent. lepid.	0,054—0,144	0,056—0,140
Conioph. cereb.	0,344—0,704	0,681—2,178
TBTS		
Poria vapor.	0,008—0,022	0,021—0,139
Lent. lepid.	0,056—0,136	0,917—2.018
Conioph. cereb.	0,364—0,886	0,335—0,850
TBTF		
Poria vapor.	0,021—0,055	0,021—0,135
Lent. lepid.	0,009—0,022	0,135—0,325
Conioph. cereb.	0,344—0,880	0,351—0,886

*) Versuche der Bundesforschungsanstalt für Forst- und Holzwirtschaft in Reinbek.

Alle 3 Organozinnverbindungen zeigen eine hohe Aktivität gegenüber den Testpilzen. Besonders stark ist die Wirkung bei *Poria vaporaria*.

Die Verbindungen besitzen eine hohe Auslaugebeständigkeit. Letztere ist nicht allein auf die geringe Wasserlöslichkeit der Organozinnverbindungen zurückzuführen, denn wie Hof und Luijten [44] fanden, sind auch die wasserlöslichen Triäthylzinnverbindungen im Holz sehr auswaschbeständig. Es wird daher eine Fixierungsreaktion der Zinnverbindungen mit Holzbestandteilen angenommen.

Tributylzinnverbindungen besitzen ein gutes Eindringvermögen ins Holz, besonders wenn sie in höhersiedenden Kohlenwasserstoffen gelöst sind.

Die Eindringtiefe der Organozinnverbindungen läßt sich durch Anfärben mit Dithizon oder Brompyrogallolrot [48] bestimmen.

Lichtbeständigkeit von Organozinnverbindungen

Ein Nachteil mancher metallorganischer Verbindungen, z.B. Quecksilber- und Bleiverbindungen, ist ihre geringe Lichtbeständigkeit, die sie für Anwendungen, bei denen mit starker Lichteinwirkung zu rechnen ist, unbrauchbar macht. Nach Nishimoto und Fuse [49] zeigen Tributylzinnester hohe Lichtstabilität. Auch bei intensiver Bestrahlung nimmt ihre pilzhemmende Wirkung nur sehr langsam ab.

Tributylzinnoxid jedoch ist gegen Lichteinwirkung empfindlich. Setzt man es einer UV-Bestrahlung mittels Tauchlampe aus, dann wird die Verbindung langsam abgebaut und nach 200 h hat sich ein beträchtlicher Teil unter Bildung eines weißen Niederschlages von Dibutylzinnoxid zersetzt. Nun läßt sich aber das Tributylzinnoxid wie Gloskey [50] fand, durch Zusatz geringer Mengen Carbonsäuren gegen Zerfall durch Lichteinwirkung stabilisieren. Auch einige andere Verbindungen, z.B. höhere Alkohole oder Aldehyde, sind dafür geeignet. Bestrahlt man Tributylzinnoxid, das 1% eines derartigen Stabilisators enthält, 100 h mit UV-Licht, dann tritt keine Zersetzung mehr ein und das Produkt bleibt völlig klar. In der nichtstabilisierten Probe bildet sich dagegen nach kurzer Zeit ein weißer Niederschlag.

Möglicherweise sind unbefriedigende Ergebnisse, namentlich bei der Konservierung von Textilien oder Holz auf die Verwendung von nichtstabilisiertem Tributylzinnoxid zurückzuführen.

Flüchtigkeit von Organozinnverbindungen

Bekanntlich ist die Langzeitwirkung eines Holzschutzmittels sehr von der Flüchtigkeit des Wirkstoffes abhängig und zahlreiche an sich sehr wirksame Mittel sind für einen Dauerschutz ungeeignet, da sie zu schnell aus dem Holz verdampfen.

Zur Untersuchung der Flüchtigkeit von Wirkstoffen werden Proben in einem Umlufttrockenschrank auf 65 °C erhitzt und die Gewichtsverluste in bestimmten Zeitabständen durch Wägung ermittelt. Wie ein Vergleich der Flüchtigkeit von vier Tributylzinnverbindungen und Pentachlorphenol ergibt (Abb. 4), ist Tributylzinnchlorid (a) relativ leicht flüchtig und für eine Dauerwirkung weniger geeignet. Tributylzinnoxid (c),

-fluorid (e) und -sulfid (d) zeigen dagegen eine erheblich geringere Flüchtigkeit als das im Holzschutz viel verwendete Pentachlorphenol (b).

Die gute Verträglichkeit von Trialkylzinnverbindungen mit anderen pilzhemmenden Mitteln macht eine kombinierte Anwendung mit Pentachlorphenol, Chlornaphthalin oder Quecksilberverbindungen möglich.

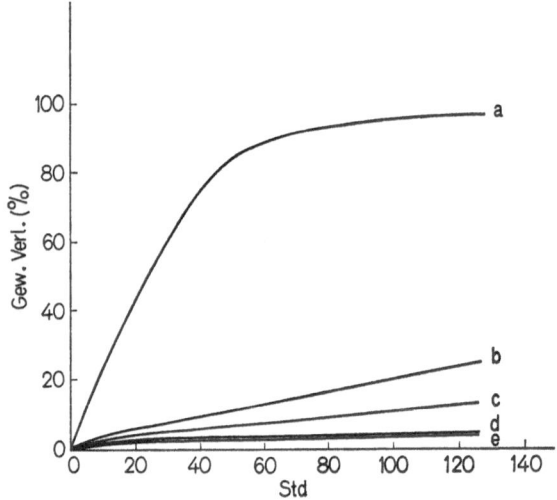

Abb. 4. Flüchtigkeit von Tributylzinnverbindungen

Da die Zinnverbindungen farblos sind, führen sie nicht zu Verfärbungen des Holzes. Die Haftung nachfolgender Anstriche wird durch sie nicht beeinträchtigt. Organozinnhaltige Holzschutzmittel können wie andere Produkte auch durch Streichen, Tauchen und Tränken angewendet werden. Besonders in den USA und England sind zahlreiche Holzschutzmittel auf Organozinnbasis im Handel.

Konservierung von Holzschliff

Holzschliff dient in großem Umfang als Rohstoff für die Herstellung von Papier. Da er stark wasserhaltig ist, wird er sehr leicht von Pilzen befallen. Dieser Pilzbewuchs kann erhebliche Papierschäden zur Folge haben. Um den Holzschliff längere Zeit lagerfähig zu erhalten, sind Zusätze von Konservierungsmitteln notwendig. Bisher wurden dazu vielfach Organoquecksilberverbindungen entweder allein oder zusammen mit anderen Bioziden (Pentachlorphenol und 8-Hydroxichinolin) verwendet. In manchen Fällen erwies sich eine Konservierung mit Quecksilberverbindungen als nicht ausreichend. Man stellte fest, daß diese Verbindungen durch bestimmte Pilze (*Penic. roqueforti*) inaktiviert wurden [51].

Wie Labor- und Praxisversuche ergaben, läßt sich Holzschliff mit Tributylzinnverbindungen gegen Pilzbefall schützen [52,53]. Für eine ausreichende Wirkung genügen Konzentrationen von 50 ppm Tributylzinnoxid. Mit 100 ppm bleibt Holzschliff über 6 Monate bewuchsfrei. Zur besseren Verteilung im Wasser ist ein Zusatz von Emulgatoren zu empfehlen. Eine Inaktivierung des Tributylzinnoxids durch *Penic. roqueforti* wurde bisher nicht beobachtet.

Schutzmittel für Holz in Meerwasser

Holz, das in Kontakt mit Meerwasser steht, kann von sogenannten Schiffsbohrwürmern (*Teredo diegensis, Limnoria tripunctata* u.a.) angegriffen und zerstört werden. Triorganozinnverbindungen sind auch gegen diese Meeresbewohner wirksam [54,55]. Besonders hohe Toxizität besteht gegenüber *Teredo*, die Wirkung auf *Limnoria* ist geringer. Insektizide auf Basis chlorierter Kohlenwasserstoffe verhalten sich umgekehrt. Eine wirksame Bekämpfung beider Arten gelingt daher mit Kombinationspräparaten. Gute Erfolge wurden auch mit 0,5%igen Lösungen von Tributylzinnoxid in Kreosot erzielt. Über die Dauerwirkung von Tributylzinnverbindungen gegen Schiffsbohrwürmer kann noch nichts Endgültiges ausgesagt werden, da sich diese Versuche über einen Zeitraum von 20 Jahren erstrecken.

4. Antifouling-Anstriche

Ein wichtiges Problem für die Seefahrt stellt der Unterwasserbewuchs (Fouling) der Schiffe durch tierische und pflanzliche Meeresbewohner wie Balaniden, Röhrenwürmer, Muscheln und Algen dar. Dieser Anwuchs kann solche Ausmaße annehmen, daß der Reibungswiderstand des Schiffskörpers im Wasser erhöht wird und die Geschwindigkeit sinkt. Daraus resultiert dann ein vermehrter Treibstoffverbrauch. Einige der Lebewesen vermögen sogar den Schiffsanstrich zu zerstören und Metallkorrosion kann die Folge sein. Zur Beseitigung des Unterwasserbewuchses sind lange und kostspielige Druckliegezeiten erforderlich. Diese enormen wirtschaftlichen Schäden lassen sich durch bewuchsverhütende Anstriche des Schiffsbodens auf ein Mindestmaß reduzieren [56]. Antifoulinganstriche enthalten als Wirksubstanzen Cu_2O, Quecksilberverbindungen oder auch rein organische Giftstoffe, die für sich allein oder in Kombination angewandt werden.

Bei der hohen Aktivität der Triorganozinnverbindungen gegenüber Mikroorganismen war der Gedanke naheliegend, auch ihre Antifouling-Wirkung zu untersuchen. Tatsächlich erwiesen sich diese Verbindungen in Anstrichen als sehr wirksame Mittel zur Verhütung von Unterwasserbewuchs an Schiffen [57,58,59]. Wie in der Reihe der Organozinnfungizide, liegt das Optimum der Antifoulingwirkung bei den Tributyl- und Triphenylzinnverbindungen.

Tributylzinnoxid, -sulfid und -fluorid sowie Triphenylzinnchlorid sind die wichtigsten Organozinn-Antifoulingmittel. Die erforderlichen Mengen liegen zwischen 10 und 20% bezogen auf den Trockenfilm.

Die derzeit am häufigsten für Antifoulingsanstriche verwendete Zinnverbindung ist das Tributylzinnoxid. Da es sich um eine Flüssigkeit handelt, die zudem in den gebräuchlichsten Lacklösungsmitteln löslich ist, läßt sich Tributylzinnoxid gut in die Farben einarbeiten. Die Verbindung zeigt jedoch weichmachende Wirkung und neigt namentlich in höheren Konzentrationen zum Ausschwitzen. Daher ist eine sorgfältige Formulierung des Anstrichmittels unerläßlich, wenn das Tributylzinnoxid seine Wirksamkeit voll entfalten soll. Die Formulierung einer Antifouling-Farbe ist immer eine sehr diffizile Angelegenheit. Es genügt nämlich nicht, einem guten Anstrichmittel einfach einen Wirkstoff zuzumischen. Bindemittel, Pigment und Wirkstoff müssen aufeinander abgestimmt sein.

Ausschlaggebend für die Aktivität eines Antifouling-Anstriches ist die Extraktionsgeschwindigkeit (,,*leaching rate*") des verwendeten Giftstoffes. Sie hängt von der Zusammensetzung des Lackfilmes ab und zeigt an, wieviel Wirkstoff ein Anstrich in einer bestimmten Zeit an das Wasser abgibt. Jedes Antifoulingmittel besitzt eine sogenannte ,,kritische" Extraktionsgeschwindigkeit. Das ist die Giftmenge, die gerade ausreicht, um einen Bewuchs zu verhüten. Zeigt ein Anstrich eine Extraktionsgeschwindigkeit, die unter dem kritischen Wert liegt, dann wird zu wenig Wirkstoff frei, um den Bewuchs zu verhindern. Ist sie wesentlich höher, dann tritt zwar Wirkung ein, aber der Anstrich erschöpft sich zu schnell.

Die Extraktionsgeschwindigkeit eines Antifouling-Anstriches wird ermittelt, indem man Anstrichplatten in Meerwasserbehälter hängt und von Zeit zu Zeit die abgegebene Wirkstoffmenge mißt [60].

Die ,,kritische" Extraktionsgeschwindigkeit bestimmte Miller [61] nach folgender Methode: Platten eines porösen Materials werden mit dem zu prüfenden Mittel versehen und dann so lange im Meer ausgesetzt, bis Bewuchs eintritt. Aus der abgegebenen Giftmenge und der Zeitdauer bis zum Bewuchs läßt sich die ,,kritische" Extraktionsgeschwindigkeit errechnen. Die nach diesem Verfahren ermittelten Werte betragen für

$$\begin{aligned} \text{TBTO} &= 1{,}3 \ \gamma/\text{cm}^2/\text{Tag}, \\ \text{TBTS} &= 0{,}9 \ \gamma/\text{cm}^2/\text{Tag}, \\ \text{Cu} &= 10 \ \ \gamma/\text{cm}^2/\text{Tag}. \end{aligned}$$

Danach sind die Tributylzinnverbindungen um ein Vielfaches wirksamer als Kupferverbindungen.

Naturgemäß sind diese Methoden mit einem gewissen Unsicherheitsfaktor behaftet. Dennoch hat sich ihr Wert für eine Vorauswahl geeigneter Bindemittel-Wirkstoffkombinationen erwiesen. Unerläßlich für die Beurteilung von Antifoulinganstrichen sind jedoch Prüfungen am Freiwasserstand und schließlich Probeanstriche an Schiffen selbst. All diese Versuche beanspruchen sehr viel Zeit und so nimmt denn auch die Entwicklung einer Antifoulingfarbe mehrere Jahre in Anspruch.

Triorganozinnverbindungen werden heute bereits in großem Umfang zur Herstellung von hochaktiven und langwirkenden Antifoulinganstrichen eingesetzt. Sie sind im allgemeinen mit den in der Anstrichtechnik üblichen Bindemitteln, wie Vinyl- oder Acryl-Polymeren, Epoxid- und Alkyd-Harzen sowie Chlorkautschukverbindungen, verträglich.

Eine Formulierung auf Basis Vinylharz/Kolophonium hat nach Nijesen [62] die Zusammensetzung:

Vinylcopolymeres	10,6 Gew. Teile
Kolophonium	10,6 Gew. Teile
Rutil	21,6 Gew. Teile
Bentone (5% in Xylol)	10,8 Gew. Teile
Methylisobutylketon	29,4 Gew. Teile
Methylisoamylketon	2,7 Gew. Teile
Xylol	8,3 Gew. Teile
Tributylzinnoxid	6,3 Gew. Teile

Ein derartiger Anstrich mit einem TBTO-Gehalt von ca. 13% verhütet über einen langen Zeitraum jeglichen Bewuchs.

Für Chlorkautschuksysteme empfiehlt sich eine Verwendung von Tributylzinnfluorid.

TBTF zeigt als Festsubstanz (Fp. 250°) keine weichmachende Wirkung. Da es in Lacklösemitteln unlöslich ist, tritt auch kein Ausblühen auf der Anstrichoberfläche ein. Es verhält sich wie ein inertes Pigment.

Bei Chlorkautschukanstrichen hat sich folgende Formulierung mit TBTF bewährt:

Alloprene 20	19,5 Gew. Teile
Rutil	16,5 Gew. Teile
Chlorparaffin	13,0 Gew. Teile
Xylol	38,0 Gew. Teile
TBTF	16,0 Gew. Teile

Organozinnverbindungen lassen sich auch zusammen mit Cu_2O verwenden. In derartigen Anstrichen verbessern sie die relativ geringe Wirkung des Kupfers gegen Algen und andere Foulingorganismen ganz erheblich.

Im Gegensatz zum Kupfer und anderen Metallverbindungen verursachen Organozinnverbindungen in Antifoulingfarben keinerlei galvanische Korrosion. Sie können daher ohne korrosionsverhütende Grundanstriche direkt auf das Metall des Schiffsbodens, z.B. bei Aluminiumbooten, aufgebracht werden [63]. Ein weiterer Vorteil ist ihre Farblosigkeit.

Sie sind die einzigen Antifoulingmittel, die die Herstellung von weißen oder anderen hellen Anstrichen erlauben.

Von der Firma F. A. Hughes & Co., London, wurde ein Verfahren zum Schutz von Unterwasserbewuchs mit Organozinnverbindungen beschrieben, das gänzlich ohne Antifoulinganstriche auskommt [64]. Nach dieser Methode wird mittels eines Röhrensystems durch Druckluft eine Lösung von Tributylzinnoxid in Kerosin über den Schiffsboden geleitet. An den Wandungen bildet sich ein TBTO-haltiger Ölfilm aus, der den Bewuchs verhüten soll (Toxion-Verfahren). Der Wert dieses Verfahrens ist von verschiedenen Seiten angezweifelt worden [65]. Immerhin fahren auch heute noch mehrere Schiffe mit diesem unkonventionellen Antifoulingsystem.

Die neueste Entwicklung auf dem Antifoulingsektor sind TBTO-haltige Überzüge aus Neopren oder anderen Elastomeren [66], die sich durch besondere Dauerhaftigkeit und Langzeitwirkung auszeichnen sollen. Für eine endgültige Beurteilung dieser Antifoulingüberzüge ist es noch zu früh.

5. Biozide Anstriche

Anstriche werden namentlich unter ungünstigen klimatischen Bedingungen oder in Feuchträumen leicht von Mikroorganismen befallen. Zwar wird nur in seltenen Fällen der Anstrich selbst zerstört, dennoch ist ein derartiger Bewuchs besonders in Lebensmittelbetrieben unerwünscht, da er eine ständige Infektionsquelle darstellt. Durch Zusatz von bewuchshemmenden Mitteln kann man gefährdete Anstriche vor Befall schützen. Seit einigen Jahren werden in zunehmendem Maße zu diesem Zweck Tributylzinnverbindungen verwendet. Sie sind mit den gebräuchlichsten Bindemitteln gut verträglich.

Tributylzinnverbindungen haben sich in Dispersionsfarben auf Polyvinylacetat-Basis sehr bewährt. Mit Tributylzinnoxid oder -fluorid erhält man auswaschbeständige und lange wirksame Anstriche.

Die pilzhemmende Wirkung von Anstrichen läßt sich im Bewuchstest prüfen. Dazu werden Papierfilter mit den Anstrichen versehen und dann nach vorheriger Wässerung mit Mischkulturen von Testpilzen beimpft. Anschließend brütet man die Proben 30 Tage.

Beide Organozinnverbindungen sind trotz Wässerung bereits bei 0,1% wirksam. Bei 0,5% treten deutliche Hemmzonen um die Proben auf.

Die pilzhemmende Wirkung der Zinnverbindung kommt auch in anderen Bindemitteln voll zur Geltung. Wie Testversuche ergaben, verhüten Tributylzinnverbindungen in Konzentrationen von 0,5—1% jeglichen Pilzbewuchs.

Tabelle 11. *Pilzhemmende Wirkung von Tributylzinn-verbindungen in Anstrichen (Methode: Agar-Test)* [127]

Gehalt Zinnverbindung im Anstrich	Bewuchs
0,1% TBTF	kein
0,5% TBTF	kein, Hemmzone
0,1% TBTO	kein
0,5% TBTO	kein, Hemmzone
ohne	starker

In der Praxis kommt es häufiger vor, daß von Pilzen befallene Anstriche erneuert werden müssen. Hierbei ist nach Entfernen des alten Anstriches eine Sanierung der Flächen zu empfehlen, bevor der neue Anstrich aufgetragen wird. Es besteht sonst die Gefahr, daß die Pilze unter dem neuen Anstrich weiterwachsen und ihn von unten her zerstören. Eine derartige Sanierung läßt sich mit 0,05—0,1%igen TBTO-Lösungen oder Emulsionen durchführen.

Anstriche werden nicht nur von Pilzen bewachsen, auch *Algen* können sich auf ihnen ansiedeln. Besonders an den Wandungen offener Wasserbehälter oder in Kühltürmen beobachtet man häufig starken Algenansatz. Durch Anstriche mit 3—5% Tributylzinnverbindungen läßt sich Algenbewuchs verhindern.

6. Biozide Kunststoffe

Von einem mikrobiellen Angriff durch Pilze oder Bakterien werden zwar in erster Linie Naturstoffe wie Holz oder eiweißhaltige Substanzen betroffen, doch können auch Kunststoffe von Mikroorganismen bewachsen werden. Obwohl die Kunststoffe selbst nur in seltenen Fällen angegriffen werden, so sind doch bestimmte in ihnen enthaltene Herstellungs- oder Verarbeitungshilfsmittel als Nahrungsquelle für Mikroorganismen verwertbar. Von manchen Weichmachern ist es bekannt, daß sie von Pilzen und Bakterien besonders leicht abgebaut werden [67]. Andererseits stellen Kunststoffe potentielle Nahrungsquellen dar, da sie Kohlenstoff enthalten. Nach vorheriger Adaption könnten Mikroorganismen durchaus in der Lage sein, auch Kunststoffe als Nahrung zu verwerten. Ein Befall der Kunststoffe braucht nicht immer eine Verschlechterung der physikalischen Eigenschaften (z.B. Versprödung) zur Folge haben, auch Verfärbungen durch Stoffwechselprodukte von von Bakterien oder Pilzen vermögen seinen Gebrauchswert erheblich herabzusetzen. Daher kann bei Kunststoffen ein Zusatz von bioziden Mitteln notwendig sein.

Tributylzinnoxid wird heute vielfach auch in Kunststoffen verwendet. Da es sehr auswaschfest und nur wenig flüchtig ist, bleibt es lange wirksam.

Für eine pilzhemmende Ausrüstung von Weich-PVC sind etwa 0,5—1,5% Tributylzinnoxid erforderlich. Die Menge ist sehr von der Art des verwendeten Weichmachers abhängig. Bei Dioctylphthalat, das von Mikroorganismen kaum angegriffen wird, genügen 0,5%. Leicht abbaubare Weichmacher, wie Dioctylsebacinat, erfordern dagegen bis 1,5%.

Für PVC-Gegenstände, die der Sonnenbestrahlung ausgesetzt sind (Abdeckplanen u. a.), kann nur stabilisiertes Tributylzinnoxid eingesetzt werden. Wie Testversuche von Zweitser [68] ergaben, nimmt bei nicht-stabilisiertem Tributylzinnoxid nach UV-Bestrahlung die pilzhemmende Wirkung von Weich-PVC-Folien stark ab, während sie bei der stabilisierten Zinnverbindung voll erhalten bleibt.

Bei der Verarbeitung von Tributylzinnoxid-haltigem PVC tritt keine Verschlechterung der Hitzestabilität des PVC ein.

In der Elektroindustrie werden häufig Kunststoffe für Isolierungen oder als Kabelvergußmassen eingesetzt. Unter ungünstigen Bedingungen tritt auch hier Pilzbewuchs auf, der eine Beeinträchtigung der elektrischen Eigenschaften verursachen kann. Zur Verhütung eines derartigen Bewuchses eignen sich ebenfalls Tributylzinnverbindungen. So bleiben Epoxid-Gießharze, die 0,5—1,0% Tributylzinnoxid oder -fluorid enthalten, unbewachsen.

Der Einsatz von Tributylzinnverbindungen ist nicht auf die genannten Beispiele beschränkt. Zahlreiche andere Kunststoffe, wie Melamin-Formaldehyd-Harze, Polyvinylacetate oder Polyurethanschaumstoffe [69], lassen sich mit Organozinnverbindungen schützen.

7. Molluskizide

Die in tropischen Gebieten weit verbreitete Bilharziose wird durch bestimmte Trematoden-Arten hervorgerufen. Als Zwischenwirte für diese Erreger dienen *Süßwasserschnecken* (z. B. *Australorbis glabratus*). Eine Bekämpfung der *Bilharziose* ist daher durch Ausschaltung der Schnecken möglich. Nach Deschiens und Floch [70,71] sind Triphenylzinnchlorid und -acetat bereits in Konzentrationen von 0,25—1,0 ppm molluskizid wirksam. Die Aktivität dieser Zinnverbindungen hält wesentlich länger an als die verschiedener konventioneller Mittel.

Eine noch stärkere Wirkung hat Tributylzinnoxid [72]. Für eine Abtötung der Schnecken sind nur 0,015 ppm erforderlich. Andere Wasserbewohner, wie z. B. Fische, werden bei dieser Konzentration nicht geschädigt. Von Seiffer und Schoof [73] konnten die ausgezeichneten molluskiziden Eigenschaften der Triorganozinnverbindungen in umfangreichen Labor- und Feldversuchen bestätigt werden.

Ähnlich wie die pilzhemmende Wirkung ist bei Trialkylzinnverbindungen auch die molluskizide Aktivität von der Kettenlänge der am Zinnatom gebundenen Alkylreste abhängig. Mit steigender C-Zahl nimmt sie erheblich ab. So sind Trioctylzinnverbindungen nur noch wenig wirksam.

Eine interessante und vielversprechende Methode zur Bekämpfung von Süßwasserschnecken mit Organozinnverbindungen wurde von Cardarelli [74] entwickelt: Vulkanisierte, trialkylzinnhaltige Elastomere, z.B. Neopren, werden in Form von kleinen Kügelchen in die zu sanierenden Gewässer gebracht. Der Wirkstoff wird dann im Wasser langsam und gleichmäßig abgegeben. Die freigewordene Wirkstoffmenge reicht aus, um Schnecken abzutöten, beeinflußt aber weder Fische noch Wasserpflanzen nachteilig. Die Wirkung dieser Elastomeren soll mehrere Jahre anhalten.

8. Desinfektionsmittel

Tributylzinnverbindungen sind schon in sehr niedriger Konzentration gegen grampositive Bakterien wirksam. Wesentlich geringer ist aber ihre Aktivität gegen gramnegative Bakterien. Sie sind daher als alleinige Wirkstoffe für Desinfektionszwecke nur wenig geeignet [75]. Kombinationen mit anderen Bakteriziden haben sich dagegen in der Praxis sehr bewährt.

Hudson [76] u. a. sowie Rees [77] berichteten von eindrucksvollen Erfolgen bei der Bekämpfung von resistenten Hospitalkeimen (*Staph. aureus*) mit Präparaten, die Tributylzinnoxid und quaternäre Ammoniumverbindungen enthielten. Als ausgezeichnete Desinfektionsmittel mit Langzeitwirkung haben sich Kombinationen von Tributylzinnbenzoat mit Formalin erwiesen (Incidin®) [78]. Diese Präparate wirken auch gegen Fußpilze und werden in Waschräumen und Badeanstalten viel verwendet. Mit Tributylzinnhaltigen Mitteln lassen sich ferner Kleidungsstücke [79], z.B. Wäsche oder Strümpfe, bakterienhemmend imprägnieren. Derartig vorbehandelte Textilien verhüten das Entstehen von Körpergerüchen, die durch bakterielle Zersetzung von Schweiß entstehen können. Die Ausrüstung ist sehr auswaschbeständig und hautverträglich.

9. Pflanzenschutzmittel

Nachdem man die fungizide Aktivität der Triorganozinnverbindungen erkannt hatte, war es naheliegend, diese Verbindungen auch zur Bekämpfung von pilzlichen Pflanzenkrankheiten heranzuziehen. Wie Untersuchungen der Farbwerke Hoechst AG. ergaben, zeigten Trialkylzinnverbindungen zwar in vitro die höchste fungizide Wirkung, waren aber zu phytotoxisch um bei Pflanzen verwendet werden zu können [80].

Triphenylzinnverbindungen erwiesen sich dagegen als ausreichend pflanzenverträglich bei guter fungizider Aktivität. Dieses Ergebnis führte dann zur Entwicklung des Pflanzenschutzmittels Brestan®, das als Wirksubstanz Triphenylzinnacetat enthält. Durch Zusätze von Zn- oder Mn-salzen der Äthylen-bis-dithiocarbaminsäure konnte eine weitere Verbesserung von Pflanzenverträglichkeit und fungizider Wirkung erreicht werden [81].

Ein Pflanzenschutzmittel auf Basis von Triphenylzinnhydroxid wurde von Philips-Duphar unter dem Namen Du-Ter® herausgebracht.

Triphenylzinnacetat und -hydroxid dienen heute in vielen Ländern zur Bekämpfung von Pilzerkrankungen der Kartoffeln und Rüben. Sie sind die einzigen Fungizide, die auch gegen die Blattfleckenkrankheit der Rüben und gegen Knollenfäule bei Kartoffeln wirksam sind. Anfängliche Befürchtungen, daß diese Mittel schädliche Rückstände auf den Pflanzen zurücklassen würden, bestätigen sich nicht. Triphenylzinnverbindungen werden unter Lichteinfluß sehr schnell zu anorganischem Zinn abgebaut.

Fütterungsversuche mit Triphenylzinnacetat an Ratten und Hunden ergaben keine kumulative Giftwirkung. Die Verbindung wird im Verlaufe von 6—8 Wochen vollständig aus dem Körper ausgeschieden [82]. Triphenylzinnverbindungen sind inzwischen von den Behörden zahlreicher Länder als Pflanzenschutzmittel zugelassen worden.

10. Schleimbekämpfungsmittel der Papierindustrie

Aus Gründen der Wassereinsparung werden in der Papierindustrie die Betriebswässer im Kreislauf gefahren. Diese, besonders in den letzten Jahren verstärkte Rückführung des Wassers, begünstigt das Auftreten von schleimbildenden Bakterien und Pilzen [83]. Schleimansammlungen können aber zu Fabrikationstörungen führen oder die Papierqualität verschlechtern. Eine Vernichtung oder Verhütung des Bewuchses ist wegen der Vielfalt der beteiligten Mikroorganismen sehr schwierig. Mit Tributyl- oder Tripropylzinnverbindungen ist eine wirksame Bekämpfung möglich [84]. Nach Weinberg [85] sollen bereits 0,06 ppm Tributylzinnoxid genügen, um den Gehalt an Bakterien und Pilzen in den Wässern soweit zu erniedrigen, daß keine Störungen der Papierfabrikation mehr auftreten. Zur besseren Verteilung der Zinnverbindung im Wasser ist eine Verwendung von Emulgatoren angebracht. Gute Erfolge hat man auch mit Kombinationen von Tributylzinnoxid und Pentachlorphenol oder Quecksilberverbindungen erzielt [86]. Organozinnhaltige Schleimbekämpfungsmittel sind bereits seit mehreren Jahren im Handel.

11. Insektizide [87]

Die ersten Arbeiten über insektizide Organozinnverbindungen stammen von Hartmann u. Mitarb. [88]. Sie stellten bereits 1929 bei Tetraphenylzinn, Triäthylzinnfluorid und einigen anderen Organozinnverbindungen eine ausgeprägte Mottenschutzwirkung fest. Wie spätere Untersuchungen von Hueck und Luijten [89] ergaben, ist die Aktivität der Trialkylzinnverbindungen gegen Motten und Teppichkäfer wesentlich größer als die der Mono-, Di- und Tetraverbindungen. Tributylzinnoxyd hat etwa die gleiche Wirkung wie DDT. Zwischen der fungiziden und der insektiziden Wirkung von Trialkylzinnverbindungen besteht ein grundsätzlicher Unterschied. Während das Wirkungsmaximum gegen Pilze und Bakterien bei den Butyl- und Propylzinnverbindungen liegt, sind für Insekten auch die Methyl- und Äthylzinnverbindungen stark toxisch [90].

Triphenylzinnverbindungen, die im allgemeinen weniger insektizid wirken als Trialkylzinnverbindungen, zeigen aber eine erhebliche fraßhemmende Wirkung, besonders bei der Hausfliege und beim Baumwollkäfer *Prodenia litura* [91]. Sie besitzen außerdem chemosterilisierende Eigenschaften [87].

In jüngerer Zeit brachte die Dow Chem. Corp. unter dem Namen Plictran® ein Präparat auf den Markt, das als Wirkstoff Tricyclohexylzinnhydroxid enthält. Mit diesem Mittel ist eine Bekämpfung der sehr resistenten Spinnmilben möglich.

C. Diorganozinnverbindungen

1. PVC-Stabilisatoren

Das bei weitem größte Anwendungsgebiet für Organozinnverbindungen ist die Stabilisierung von PVC. Etwa 70% der Weltproduktion werden in diesem Sektor eingesetzt. Während 1955 die Erzeugung von Zinnstabilisatoren erst einige hundert Tonnen betrug, schätzt man sie für 1969 auf ca. 10000 Tonnen, und bei der stetigen Vergrößerung der PVC-Produktion wird für die nächsten Jahre ein weiterer Anstieg erwartet. Möglicherweise verläuft die Steigerung aber nicht mehr so stürmisch wie in der Vergangenheit, da man infolge der verbesserten PVC-Technologie mit weniger Zinnverbindung auskommt oder in manchen Fällen auf nichtzinnhaltige Stabilisatoren ausweichen kann. Andererseits zeigen aber gerade in jüngster Zeit die für die Herstellung von Lebensmittelverpackungen aus PVC verwendeten ungiftigen Octylzinnstabilisatoren stark ansteigende Tendenz. Im ganzen gesehen erscheint also eine optimistische Prognose berechtigt.

PVC-Abbau

PVC ist eine relativ instabile Verbindung, die beim Erhitzen auf höhere Temperaturen, wie sie für eine Verarbeitung dieses Kunststoffes notwendig sind, leicht HCl abspaltet. Als Startstellen für diese Dehydrochlorierung werden besonders labile Chlor-Kohlenstoffgruppierungen angenommen. Darunter versteht man einmal Chloratome an tertiären Kohlenstoffverbindungen, wie sie bei Ansatzstellen von Seitenketten vorliegen [92] und zum anderen endständige Allylchlorid-Gruppen [93,94]. Hat die HCl-Abspaltung einmal begonnen, so verläuft sie infolge Allylaktivierung benachbarter Chlor-Kohlenstoffbindungen reißverschlußartig über die ganze Molekülkette weiter. Es bilden sich Polyen-Strukturen mit konjugierten Doppelbindungen aus, die sich optisch durch Verfärbungen von gelb bis schwarz zu erkennen geben.

Eine wichtige Rolle spielen auch Oxidationen an Doppelbindungen, wobei unbeständige β-Chlorketongruppen gebildet werden. Durch oxidative Vorgänge entstandene freie Radikale können Vernetzungen von Molekülketten verursachen [95]. Radikalreaktionen sind die Hauptursache für die Verschlechterung der mechanischen Eigenschaften des PVC.

PVC unterliegt auch einem Abbau durch Lichteinwirkung. Die hierbei auftretenden Reaktionen ähneln denen bei der thermischen Zersetzung.

PVC kann normalerweise in unstabilisiertem Zustand überhaupt nicht verarbeitet werden. Zur Verhinderung der Abbaureaktionen muß man daher Stabilisatoren zusetzen. Über den Wirkungsmechanismus dieser Stabilisatoren, insbes. der Organozinnverbindungen, ist noch wenig bekannt. Man nimmt aber an, daß die labil gebundenen Chloratome der PVC-Moleküle gegen den Esterrest der zinnorganischen Stabilisatoren ausgetauscht werden. Die entstandenen Estergruppierungen sind nun thermisch wesentlich stabiler als die ursprünglichen Chlorbindungen [96]. Dadurch wird die reißverschlußartige HCl-Abspaltung blockiert.

Nach Mack [97] wirken Organozinnstabilisatoren als Antioxidantien. Es ist daher denkbar, daß die Zinnverbindungen bestimmte Oxidationsreaktionen verhindern. Sie können außerdem Radikale abfangen [98].

Organozinnverbindungen als PVC-Stabilisatoren

Die PVC-stabilisierende Wirkung von Organozinnverbindungen wurde 1936 von Yngve [99] entdeckt. Es handelte sich dabei um Tetraalkyl- und Tetraarylzinnverbindungen. Kurze Zeit danach folgten Organozinnoxide und -hydroxide [100]. Da die stabilisierende Wirkung aller dieser Substanzen nur gering war, erlangten sie keinerlei technische Bedeutung.

Die ersten wirklich brauchbaren Organozinnstabilisatoren waren die Dialkylzinnester gesättigter und ungesättigter Carbonsäuren [101–103], z.B. Dibutylzinndilaurat- und maleat. Verbindungen dieses Typs werden auch heute noch in gewissem Umfang verwendet. Das Dilaurat ist zwar ein relativ schlechter Wärmestabilisator, zeigt aber gute lichtstabilisierende Eigenschaften und wird daher in Kombination mit anderen Zinn-stabilisatoren eingesetzt.

Dibutylzinnmaleat stabilisiert vorzüglich gegen Wärmeeinwirkung ist aber als polymere Verbindung in PVC unlöslich und gibt Schwierig-keiten bei der Verarbeitung des PVC. Trotzdem wird es noch verwendet. Aus der Maleat-Reihe erwiesen sich Umsetzungsprodukte von Organo-zinnoxiden mit Maleinsäurehalbestern [103], z.B.

$$\begin{array}{c} C_4H_9 \diagdown \diagup OOCCH=CHCOOiC_8H_{17} \\ Sn \\ C_4H_9 \diagup \diagdown OOCCH=CHCOOiC_8H_{17} \end{array}$$

als gute Stabilisatoren, ohne die Nachteile der polymeren Maleate zu besitzen.

Größere Bedeutung gewannen noch Dialkylzinnalkoxide, besonders die Alkoxid-Maleinsäurehalbestertypen [104]:

$$\begin{array}{c} C_4H_9 \diagdown \diagup OCH_3 \\ Sn \\ C_4H_9 \diagup \diagdown OOCCH=CHCOOCH_3 \end{array}$$

In der Folgezeit wurden zahlreiche weitere Dialkylzinnverbindungen vorgeschlagen, die aber keine wesentliche Verbesserung der Stabilisie-rungswirkung zeigten.

Den entscheidenden Schritt vorwärts brachten dann Organozinn-verbindungen mit direkten *Zinn-Schwefel-Bindungen*. Die wichtigsten Vertreter dieser Gruppe sind die Dialkylzinn-diisooctylthioglykolate [105], z.B.

$$\begin{array}{c} C_4H_9 \diagdown \diagup SCH_2COOiC_8H_{17} \\ Sn \\ C_4H_9 \diagup \diagdown SCH_2COOiC_8H_{17} \end{array}$$

Sie sind auch heute noch die besten Wärmestabilisatoren und für die Hochtemperaturverarbeitung von Hart-PVC zu glasklaren Platten, Fo-lien oder Flaschen unentbehrlich. Sie machen den Hauptanteil aller der-zeit verwendeten Zinnstabilisatoren aus.

Ein weiterer, bedeutender Fortschritt auf dem Stabilierungssektor war die Einführung der ungiftigen Dioctylzinnverbindungen, die auf Arbeiten von van der Kerk und Mitarbeitern [106] basieren.

Mit den Di-n-octylzinn-diisooctylthioglykolaten wurden dem PVC auf dem Gebiet der Lebensmittelverpackung neue Einsatzmöglichkeiten erschlossen.

Inzwischen sind Di-n-octylzinn-diisooctylthioglykolat und -maleat von den Gesundheitsbehörden verschiedener Länder zur Stabilisierung von Hart-PVC für Lebensmittelverpackungen freigegeben worden [107, 108].

Ein nicht unerheblicher Nachteil der Organozinnstabilisatoren ist ihr vergleichsweise hoher Preis. Man war daher schon sehr früh bemüht, durch synergetisch wirkende Zusätze die Menge der benötigten Zinnverbindung herabzusetzen. Es wurden Veröffentlichungen und Patente bekannt, in denen Kombinationen von Organozinnstabilisatoren mit Epoxiden, Phosphiten oder auch Gemische von schwefelfreien mit schwefelhaltigen Organozinnverbindungen beschrieben wurden [109].

Eine Synergese zwischen Organozinnverbindungen verschiedener Alkylierungsstufen beschrieben erstmals Klimsch und Kühnert [110] am Beispiel des Dibutylzinn-diisooctylthioglykolates. Bereits durch geringe Zusätze von Monobutylzinn-triisooctylthioglykolat läßt sich die an sich schon gute stabilisierende Wirkung der Dibutylverbindung noch erheblich steigern. Diese Synergese gilt auch für Dioctylzinnverbindungen.

Unterwirft man PVC-Folien, die mit reinem Di-n-octylzinn-diisooctylthioglykolat stabilisiert wurden, einer Ofenalterung[a] bei 190°, so wird das PVC zwar erst sehr spät dunkel, ist aber schon nach 10 min deutlich gefärbt. Stabilisiert man mit der entsprechenden Monoverbindung allein, dann erhält man gute Anfangsfärbungen, das Dunkelwerden der Probe setzt aber schon sehr früh ein. Ein Gehalt von 10% der Monoverbindung zeigt dagegen einen starken synergetischen Effekt. Durch Erhöhung des Monoanteils läßt sich die Wirkung noch steigern. Das Optimum liegt etwa bei 30% Monogehalt. Mit einer 7:3-Mischung ist eine Reduzierung der Stabilisatormenge um ca. 20% und damit eine erhebliche Kostenersparnis möglich.

Da das Monooctylzinn-triisooctylthioglykolat noch erheblich ungiftiger ist, als die Di-Verbindung, dürften gegenüber derartigen Mischungen keine toxikologischen Bedenken bestehen.

2. Polyurethan-Katalysatoren

Polyurethanschäume stellt man durch Umsetzung von Diisocyanaten mit Polyhydroxyverbindungen in Gegenwart von Katalysatoren her. Während der Polymerisationsreaktion entwickelt sich nach Zugabe von Wasser CO_2, und das Produkt wird zum Schaum aufgebläht. Da die früher als Katalysatoren benutzten Amine nur wenig wirksam waren,

---

[a] Die Wirkung eines PVC-Stabilisators läßt sich nach dem sog. Ofenalterungstest prüfen. Hierbei werden PVC-Folien, die den zu untersuchenden Stabilisator enthalten, auf 180—190 °C erhitzt und von Zeit zu Zeit Proben entnommen. Je später eine Verfärbung der Proben eintritt, desto wirksamer ist der Stabilisator.

mußte man die Polymerisation in zwei Stufen vornehmen. In der ersten Stufe wurde ein Vorpolymeres gebildet und in der zweiten Stufe erfolgte die Verschäumung und Aushärtung des Produktes. Erst mit der Einführung der Organozinnkatalysatoren gelang es, die Polymerisation in einer Stufe durchzuführen [111]. Die Katalysatorwirkung von Organozinnverbindungen, z. B. von Dibutylzinndilaurat, ist um ein Vielfaches größer als die der besten Amine [112]. Durch Zugabe von tertiären Aminen läßt sich diese Wirkung noch steigern.

Während man früher als Polyhydroxyverbindungen die teuren Polyester verwenden mußte, kann man mit den neuen Katalysatoren auch preiswertere Polyäther einsetzen. Ein Nachteil der Organozinnverbindungen ist die relativ geringe Hitzebeständigkeit der damit hergestellten Schaumstoffe. Da es sich dabei um einen oxidativen Abbau handelt, kann man ihn durch Antioxydantien beheben. Heute werden vielfach auch Mischkatalysatoren, die Zinn-II-octoat und Dibutylzinndilaurat enthalten, verwendet.

3. Härter für Siliconkautschuk

Ein bedeutendes Anwendungsgebiet für Diorganozinnverbindungen ist die Aushärtung von Siliconkautschuk. Normalerweise erfolgt die Härtung von Siliconen in Gegenwart von Peroxiden bei höheren Temperaturen. Mit Dibutyl- und Dioctylzinndilaurat läßt sich diese Reaktion aber schon bei Raumtemperatur durchführen [113]. Die Organozinnverbindungen verleihen den damit hergestellten Produkten eine hohe Oxidationsbeständigkeit.

4. Vergütungsmittel für Glasoberflächen

Nach einem japanischen Verfahren [114] läßt sich die Kratzfestigkeit von Glas durch Behandlung mit Dimethylzinndichlorid erhöhen. Hierzu wird die Zinnverbindung in dampfförmigem Zustand über die erhitzte Glasoberfläche geleitet. Dabei zerfällt das Dimethylzinndichlorid und auf dem Glas bildet sich ein dünner transparenter Film von SnO_2. Außer der Kratzfestigkeit wird auch die Chemikalienbeständigkeit des Glases erhöht.

5. Anthelmintika

Im Gegensatz zu den Triorganozinnverbindungen haben Diorganozinnverbindungen keine oder nur eine sehr geringe Wirkung gegen Mikroorganismen. Um so erstaunlicher war daher die Entdeckung der anthelmintischen Eigenschaften verschiedener Dialkylzinnverbindungen durch Kerr und Walde [115] Anfang der fünfziger Jahre. In ihren Untersuchungen erwies sich das Dibutylzinndilaurat gegen den Hühnerbandwurm *Raillietina cesticillus* als besonders wirksam [116,117]. Die ausgezeichnete anthelminthische Wirkung dieser Verbindung wurde dann später von Enigk und Düwel bestätigt [118]. Sie erreichten mit Dosen von 282 mg/ Tier eine sichere Beseitigung der Hühnerbandwürmer *Raillietina* und *Davainea proglottina*. Dibutylzinndilaurat wird heute namentlich in den USA in erheblichem Umfang als Wurmbekämpfungsmittel bei Geflügel verwendet. Der Verbrauch lag 1966 bei etwa 160 t.

6. Schmiermittel-Additive

Dimethyl- und Dibutylzinnsulfid werden als Schmiermittelzusätze zur Erhöhung der Verschleißfestigkeit in Verbrennungsmotoren eingesetzt. Sie sind bereits in sehr geringen Mengen wirksam und haben sich besonders in Hochleistungs-Zweitaktmotoren für Motorsägen und Außenbordmotoren bewährt. Man nimmt an, daß die Zinnverbindungen bei den im Motor herrschenden hohen Temperaturen und Drücken unter Bildung von SnS_2 zerfallen. Das Sulfid bildet dann auf den Metalloberflächen einen fest haftenden Film, der die Reibung herabsetzt [119]. Die Organozinnverbindungen sind mit anderen Schmiermittelbestandteilen, wie Rostinhibitoren und Antioxidantien verträglich. Die Wirkung von phenolischen Antioxidantien wird durch Dibutylzinnsulfid wesentlich erhöht [120].

D. Monoorganozinnverbindungen

Im Gegensatz zu den Tri- und Diorganozinnverbindungen sind die Monoverbindungen bisher kaum verwendet worden. Einige dieser Verbindungen wurden zwar als Härter für Epoxidharze oder als Hydrophobierungsmittel [120,121] vorgeschlagen, aber nicht in nennenswertem Umfang in der Praxis eingesetzt. Das einzige größere Anwendungsgebiet für Monoorganozinnverbindungen ist die PVC-Stabilisierung.

PVC-Stabilisatoren

Nach einem Verfahren der Farbwerke Hoechst [122] läßt sich PVC mit polymeren Monoalkylzinnoxiden oder -sulfiden gegen Hitze- und Lichteinwirkung stabilisieren. Bevorzugt werden Butylverbindungen der Formel $(nC_4H_9SnO_{1,5})_x$ und $(nC_4H_9SnS_{1,5})_x$. Als besonders wirksam hat sich das Mischprodukt $(nC_4H_9SnS_{1,5})_x \cdot (nC_4H_9SnO_{1,5})_x$ erwiesen. Da diese Monobutylzinnstabilisatoren nicht toxisch sind, werden sie vor allem zur Herstellung von Folien für die Lebensmittelverpackung eingesetzt. Sie sind von einigen europäischen Ländern und in den Vereinigten Staaten für diesen Verwendungszweck zugelassen worden.

IV. Toxizität

Organozinnverbindungen werden heute in steigendem Umfang als Stabilisatoren, Biozide und Katalysatoren verwendet. Daher kommt der Frage nach ihrer Toxizität eine erhöhte Bedeutung zu. Seit jener Vergiftungskatastrophe im Jahre 1954 [123], bei der durch ein Diäthylzinnhaltiges Medikament über 100 Menschen den Tod fanden, standen lange Zeit alle Organozinnverbindungen unter dem Verdacht einer hohen Giftigkeit. Nun gibt es aber in der Organozinngruppe neben hochgiftigen Substanzen auch Verbindungen mit geringer oraler Toxizität (Tabelle 12).

Tabelle 12. *Toxizitätswerte von Organozinnverbindungen* LD_{50} *akut, oral (in mg/kg Ratte)* [125,127]

Verbindung	LD_{50}
Triäthylzinnsulfat	10
Tri-n-propylzinnoxid	120
Tri-n-butylzinnoxid	148
Tri-n-octylzinnchlorid	>4000
Triphenylzinnacetat	136
Di-n-butylzinndichlorid	219
Di-n-octylzinndichlorid	>4000
n-Butylzinntrichlorid	2200
Di-n-butylzinn-diisooctylthioglykolat	500
Di-n-octylzinn-diisooctylthioglykolat	1200
n-Octylzinn-triisooctylthioglykolat	>4000

Von den vier Grundtypen der Organozinnverbindungen zeigen die Triorganozinnverbindungen die höchste Giftigkeit. Die Toxizität wird stark durch die Kettenlänge der am Zinn gebundenen Kohlenwasserstoffreste bestimmt. Während Trimethyl- und Triäthylzinnverbindungen hochgiftig sind, weisen die Tributyl- und Triphenylzinnverbindungen eine wesentlich geringere Giftigkeit auf. Trioctylzinnverbindungen sind sogar praktisch ungiftig.

Diorganozinnverbindungen sind ungefährlicher als die Triverbindungen. Eine Ausnahme bilden auch hier die stark giftigen Aethylverbindungen. Von manchen Diorganozinnverbindungen, z.B. Dichloriden oder Estern, wird angenommen, daß sie im Körper in unlösliche, polymere Diorganozinnoxide umgewandelt werden.

Bei den Tetraorganozinnverbindungen ist die Toxizität noch geringer. Wieder mit Ausnahme der Aethylverbindungen. Da die Tetraverbindungen im Organismus zu Triverbindungen abgebaut werden kön-

nen [124]), setzt bei ihnen die Wirkung oft verzögert ein. Am ungefähr-
lichsten sind die Monoorganozinnverbindungen.

Organozinnverbindungen sind im allgemeinen *lipoidlöslich* und vermögen, besonders wenn sie in organischen Lösungsmitteln gelöst sind,
durch die Haut in den Körper einzudringen. Ihre dermale Toxizität ist
jedoch wesentlich geringer als ihre orale [125]).

Verschiedene Organozinnverbindungen, darunter auch das Tributylzinnoxid können Hautreizungen sowie Entzündungen der Augen und
Schleimhäute verursachen. Eine kumulative Giftwirkung wurde bisher
nicht eindeutig nachgewiesen. Trotzdem sollte eine solche Möglichkeit
nicht außer acht gelassen werden.

Obwohl von einer hohen Toxizität aller Organozinnverbindungen
nicht die Rede sein kann, da nur die Aethyl- und Methylzinnverbindun-
gen stark giftig sind, so müssen doch beim Umgang mit den technisch
wichtigen Butyl- und Phenylzinnverbindungen bestimmte *Vorsichtsmaßnahmen* beachtet werden [126]). Wegen einer möglichen Resorption ist ein
Kontakt der Substanzen mit der Haut und den Schleimhäuten unbedingt
zu vermeiden.

Im Gegensatz zu manchen persistenten Bioziden (DDT) ist eine Um-
weltverseuchung durch die in der Landwirtschaft verwendeten Tri-
phenylzinnfungizide nicht zu befürchten. Triphenylzinnverbindungen
werden nämlich in relativ kurzer Zeit zu ungiftigen anorganischen Zinnverbindungen abgebaut.

Besonders kritische Maßstäbe sind dann anzulegen, wenn Organozinnverbindungen in Kontakt mit Lebensmitteln kommen können, wie
z. B. bei den PVC-Stabilisatoren. Wegen ihrer, wenn auch nicht sehr hohen Toxizität, wurden deshalb Dibutylzinnverbindungen in PVC für
Lebensmittelverpackungen nicht zugelassen. Erlaubt sind dagegen bestimmte Di-n-octyl- und Monobutylzinnverbindungen. Diese Stabilisatoren haben sich als praktisch ungiftig erwiesen. Ihre Extrahierbarkeit
aus PVC ist außerdem sehr gering. Eine Verwendung der genannten Verbindungen erscheint daher aus toxikologischer Sicht gerechtfertigt.

V. Literatur

[1]) Loewig, C.: Liebigs Ann. Chem. *84*, 308 (1852).
[2]) Frankland, E.: Liebigs Ann. Chem. *85*, 329 (1853).
[3]) Neumann, W. P.: Die organische Chemie des Zinns, S. 17, 190. Stuttgart 1967.
[4]) Luijten, J. G. A., van der Kerk, G. J. M.: In: A.G. Mac Diarmid, Organometallic Compounds of the Group IV Elements, Vol. 1, Part II, S. 94. New
York 1968.
[5]) van der Kerk, G. J. M., Luijten, J. G. A., Noltes, J. G.: Angew. Chem. *70*, 298
(1958).
[6]) Ingham, R. K., Rosenberg, S. D., Gilman, H.: Chem. Rev. *60*, 459 (1960).

7) Neumann, W. P.: Angew. Chem. 75, 225 (1963).
8) Considine, W. J.: Ann. N. Y. Acad. Sci. 125, 4 (1965).
9) van der Kerk, G. J. M., Luijten, J. G. A., Noltes, J. G., van Egmond, J. C., Creemers, H. M. J. C.: Chimia 16, 36 (1962); 23, 313 (1969).
10) Cramer, C. R.: Tin Its Uses 46, 7 (1959).
11) Enninga, R.: Plastteknik 273 (1969). — Am. P. 3010979, Metal and Thermit Corp.; C. A. 56, 9715 (1962).
12) Gloskey, C. R.: Chem. Eng. Progr. 58, 71 (1962). — Metal and Thermit Corp.: Am. P. 2675398, (1954); C. A. 48, 12790 (1954).
13) van der Kerk, G. J. M., Luijten, J. G. A.: J. Appl. Chem. (London) 4, 301 (1954); 7, 369 (1957).
14) Kuschk, R., Kaltwasser, H., Braun, W.: Chem. Tech. (Berlin) 17, 749 (1965). — Kuschk, R.: DDR. P. 20270.
15) Carlisle Chem. Works Inc.: Am. P. 3059012 (1960); C. A. 58, 6860 (1963). — Braun, W., Kaltwasser, H., Klötzer, D., Rulewicz, G., Thust, U.: DDR. P. 55657.
16) Ziegler, K., Gellert, H. G., Zosel, K., Lehmkuhl, H., Pfohl, W.: Angew. Chem. 67, 424 (1955); Liebigs Ann. Chem. 629, 1 (1960).
17) Sacharkin, L. T., Ochlobystin, O. J.: Ber. Akad. Wiss. UdSSR 116, 236 (1957); Nachr. Akad. Wiss. UdSSR, Abt. Chem. Wiss. 1959, 1942. — Johnson, W. K.: J. Org. Chem. 25, 2253 (1960). — van Egmond, J. C., Janssen, M. J., Luijten, J. G. A., van der Kerk, G. J. M.: J. Appl. Chem. (London) 12, 17 (1962). — Farbwerke Hoechst AG: DAS. 1216301 (1955).
18) Neumann, W. P.: Liebigs Ann. Chem. 653, 157 (1962);
   a) Ziegler, K. (W. P. Neumann): DAS. 1157617; DAS. 1164407;
   b) Kalichemie AG (H. Jenkner, H. W. Schmidt): DAS. 1048275.
19) Matsuda, S., Matsuda, H.: Bull. Chem. Soc. Japan 35, 208 (1962); — Jap. P. 19115 (1959); C. A. 60, 3006 (1964).
20) Nippon Shokubai Kagaku Kogyo (T. Yatagai, S. Matsuda, H. Matsuda) DAS. 1194856.
21) Kurcha Kagaku Kogyo Kabushiki Kaisha: DOS. 1931560.
22) Nitto Chemical Ind. Ltd.: DAS. 1240081; DAS. 1274580.
23) Pure Chemicals Ltd.: DOS. 1468494.
24) Albright and Wilson Ltd.: Holl. P. 6415330.
25) Albright and Wilson Ltd.: DAS. 1277255; Carlisle Chem. Works Inc.: DOS. 1817549.
26) Albright and Wilson Ltd.: DAS. 1283839.
27) Deutsche Advance Prod. GmbH: DAS 1217951.
28) Ned. Centrale Organisatie TNO: Holl. P. 6709983.
29) Kozeschkow, K. A.: Ber. Deut. Chem. Ges. 62, 996 (1929); 66, 1661 (1933). Kozeschkow, K. A., Nad, M. M.: Ber. Deut. Chem. Ges. 67, 717 (1934). — Kozeschkow, K. A., Nad, M. M., Aleksandrow, A. P.: Ber. Deut. Chem. Ges. 67, 1348 (1934).
30) Moedritzer, K.: Org. Met. Chem. Rev. 1, 179 (1966). — Neumann, W. P.: Ann. N. Y. Acad. Sci. 159, 56 (1969).
31) Neumann, W. P., Burghardt, G.: Liebigs Ann. Chem. 663, 11 (1963).
32) Studienges. Kohle (W. P. Neumann): DBP. 1177158.
33) Metal and Thermit Corp.: C. A. 50, 13986 (1956); Engl. P. 739883 (1955).
34) Studienges. Kohle (W. P. Neumann, G. Burghardt): DBP. 1161893.
35) Clark, F. M.: Am. P. 2468544 (1949).
36) Ellenburg, A. M.: Am. P. 2573894 (1951).
37) Jenkins, R. L.: Am. P. 2578359 (1951).
38) Solvay u. Co.: Am. P. 3320227 (1963).

39) van der Kerk, G. J. M., Luijten, L. G. A.: J. Appl. Chem. *4*, 301 (1954).
40) Luijten, J. G. A., van der Kerk, G. J. M.: Investigations in the Field of Organotin Chemistry, Tin Research Institute, Greenford 1955.
41) Sijpestein, A. K., Rijkens, F., Luijten, J. G. A., Willemsens, L. C.: J. Microbiol. Serol. *28*, 346 (1962).
42) Metalorgana Ets.: C. A. *59*, 14022 (1963); Engl. P. 921057 (1963).
43) Fahlstrom, G. B.: Proc. A. W. P. A. *54*, 178 (1958).
44) Hof, T., Luijten, J. G. A.: Timber Techn. Nr. 2236 (1959).
45) Brown, F. L.: Forest Prod. J. *13*, 405 (1963).
46) Richardson, B. A.: Wood, Juni 1964, 57.
47) Nishimoto, K., Fuse, G.: Zinn und seine Verwendung *70*, 3 (1966).
48) Kerner, G.: Holzindustrie *9*, 275 (1969).
49) Nishimoto, K., Fuse, G.: Zinn und seine Verwendung *70*, 3 (1966).
50) Gloskey, C. R.: Engl. P. 936340 (1962).
51) Russel, P.: Chemistry and Industry, Mai 1961, 642.
52) Freyschuss, S. K. L.: Brit. Paper Board Makers Assoc. Proc. Tech. Sect. *38*, 221 (1957).
53) Anon.: Zinn und seine Verwendung *63*, 11 (1964).
54) Britton, S. C.: Zinn und seine Verwendung *36*, 10 (1956).
55) Vind, H. P., Hochman, H.: Zinn und seine Verwendung *57*, 10 (1963).
56) Eine ausführliche Darstellung dieses Problems siehe in: Rathsack, H. A.: Schiffsanstriche, Berlin: Akademie-Verlag 1967.
57) Du Pont de Nemours & Co.: Brit. P. 578312 (1943).
58) Schering AG: DBP. 1042795 (1957).
59) Farbwerke Hoechst AG: DAS. 1165183 (1959).
60) Partington, A.: Paint Technol. 27, *3*, 17 (1963).
61) Miller, S. M.: Ind. Eng. Chem. Prod. Res. Develop. *3*, 226 (1964).
62) Nijesen, F. B.: Ind. Vernice *22*, 3 (1968).
63) Summerson, T. J., Page, H. A., Zedler, R. J., Miller, S. M.: Materials Protection 3, *3*, 62 (1964).
64) Anon.: Zinn und seine Verwendung *53*, 11 (1961).
65) Fish, N. R.: Paint Technol. 24, *4*, 13 (1960).
66) B. F. Goodrich Comp.: Am. P. 3426473 (1966).
67) Merz, A., Dolezel, B.: Kunststoffe *57*, 726 (1967).
68) Sweitser, D.: Rubber Plastic Age, Mai 1968, 426.
69) Basemann, A. L.: Plastics Technol. *12*, 33 (1966).
70) Deschiens, R., Floch, H.: Comp. Rend. *255*, 1236 (1962).
71) — Bull. Soc. Pathol. Exotique *56*, 22 (1963).
72) — Brottes, H., Mvogo, L.: Bull. Soc. Pathol. Exotique *59*, 231 (1966).
73) Seiffer, E. A., Schoof, H.: Public Health Rept. (U.S.) *82*, 833 (1967).
74) B. F. Goodrich Co.: Am. P. 3417181 (1968).
75) Grün, L., Fricker, H. H.: Zinn und seine Verwendung *60*, 1 (1964).
76) Hudson, P., Sanger, G., Sproul, E. E.: Med. Ann. District Columbia *28*, 68 (1959).
77) Rees, G.: S. African Med. J. *36*, 9 (1969); ref. in: Zinn und seine Verwendung *61*, 14 (1964).
78) Deutsche Solvay-Werke: DAS. 1269292 (1962).
79) Zedler, R. J.: Zinn und seine Verwendung *53*, 7 (1961).
80) Härtel, K.: Angew. Chem. *70*, 135 (1958).
81) Brückner, H., Härtel, K.: DAS. 1127140 (1960).
82) Härtel, K.: Zinn und seine Verwendung *61*, 8 (1964).
83) Hamburger, B.: Papier *14*, 532 (1960).
84) Conolly, W. J.: Paper Trade J. *141*, 46 (1957).

85) Weinberg, E. L.: DBP. 1038391 (1957).

86) Johnson, W. A.: Zinn und seine Verwendung *54*, 6 (1962).

87) Über Organozinn-Insektizide siehe: Ascher, K. R. S., Nissim, S.: Organotin compounds and their potential use in insect control. World Reviews of Pest Control *3*, 188 (1964).

88) Hartmann, E., Hardtmann, M., Kümmel, P.: Engl. P. 303092 (1929); Holl. P. 20570 (1929); Am. P. 1744633 (1930).

89) Hueck, H. J., Luijten, J. G. A.: J. Soc. Dyers Colourists *74*, 476 (1958).

90) Blum, M. S., Pratt, J. J.: J. Econ. Entomol. *53*, 445 (1960).

91) Ascher, K. R. S.: Zinn und seine Verwendung *73*, 8 (1967).

92) Cotman, J. D.: Ann. N. Y. Acad. Sci. *57*, 417 (1953).

93) Baum, B., Wartmann, L. H.: J. Polymer Sci. *28*, 537 (1958).

94) — SPE J. *17*, 71 (1961).

95) Jasching, W.: Kunststoffe *52*, 458 (1962).

96) Frye, A. H., Horst, R. W.: J. Polymer Sci. *40*, 419 (1959).

97) Mack, G. P.: Kunststoffe *43*, 94 (1953).

98) Kenyon, A. S.: Natl. Bur. Std. (U.S.) Circ. *525*, 81 (1953).

99) Yngve, V.: Am. P. 2219463 (1936).

100) — Am. P. 2267777 (1938).

101) Ruggeley, E. W., Quattlebaum, W.: Am .P. 2344002 (1939).

102) Yngve, V.: Am. P. 2307092 (1940).

103) Quattlebaum, W., Noffsinger, C. A.: Am. P. 2307157 (1942).

104) Mack, G. P., Savarese, F. B.: Am. P. 2684973 (1952).

105) Weinberg, E. L., Johnson, E. W.: Am. P. 2648650 (1951).

106) Luijten, J. G. A., Pezarro, S.: Brit. Plastics *30*, 183 (1957).

107) Bundesgesundheitsblatt 1961, Nr. 19, 310.

108) U.S. Food and Drug Administration, Federal register 121.2602: Vol. 33, Nr. 14 vom 20.1.68.

109) Riethmayer, S. A.: Kunststoff-Rundschau *10*, 277, 345 (1963).

110) Klimsch, P., Kühnert, P.: Plaste Kautschuk *16*, 242 (1969).

111) Hostettler, F.: DAS. 1091324 (1958).

112) — Cox, E. F.: Ind. Eng. Chem. *52*, 609 (1960).

113) Nitsche, S., Wick, M.: Kunststoffe *47*, 431 (1957).

114) Chugoku Toryo Co:. Technical Service Report.

115) Kerr, K. B., Walde, A. B.: J. Parasitol. *37*, 27 (1951).

116) — Poultry Sci. *31*, 328 (1952).

117) — Exptl. Parasitol. *5*, 560 (1956).

118) Enigk, K., Düwel, D.: Deut. Tierärztl. Wochschr. *1*, 10 (1959).

119) Antler, M.: Ind. Eng. Chem. *51*, 753 (1959).

120) Ethyl Corp.: Am. P. 3442806 (1966).

120a) Faulkner, C. J.: Holl. P. Anm. 227866 (1958).

121) Bitzer, D.: DAS. 1169060 (1964).

122) Frey, H. H., Dörfelt, C.: DAS. 1160177 (1958).

123) Barnes, J. M., Stoner, H. B.: Pharmacol. Rev. *11*, 211 (1959).

124) Cremer, J. E.: Biochem. J. *67*, 87 (1957); *68*, 685 (1958).

125) Klimmer, O. R.: Arzneimittel-Forsch. *19*, 934 (1969).

126) Merkblatt der Schering AG: Zinnorg. Verbindungen — Hinweise zur sicheren Handhabung.

127) Forschungsergebnisse der Schering AG, Berlin und Bergkamen.

Eingegangen am 5. August 1970

SPRINGER-VERLAG
BERLIN·HEIDELBERG·NEW YORK

Organometallic Compounds

Methods of Synthesis, Physical Constants and Chemical Reactions
Second Edition. Covering the Literature from 1937 to 1964
Edited by **Michael Dub**

Volume I: **Compounds of Transition Metals**

Edited by **Michael Dub,** Central Research Department,
Monsanto Company
XVIII, 828 pages. 1966. Cloth DM 108,–; US $ 29.70

Volume II: **Compounds of Germanium, Tin and Lead**

Including Biological Activity and Commercial Application
Edited by **Richard W. Weiss,** Organic Division,
Monsanto Company
XX, 697 pages. 1967. Cloth DM 108,–; US $ 29.70

Volume III: **Compounds of Arsenic, Antimony and Bismuth**

Edited by **Michael Dub,** Central Research Department,
Monsanto Company
XX, 925 pages. 1968. Cloth DM 108,–; US $ 29.70

Formula Index to Volumes I to III

Prepared by Michael Dub and Richard W. Weiss, Monsanto Company

Second edition

VII, 343 pages. 1969
Cloth DM 72,–
US $ 19.80

This formula index contains the compounds of all three volumes. The molecular formulae show metal atoms first, followed by carbon, hydrogen, and other nonmetal atoms arranged alphabetically. The mono-metallic and homopolymetallic compounds are followed by hetero-bimetallic, -trimetallic and -poly-metallic compounds. Heterometallic compounds are listed under each metal.

FORTSCHRITTE DER CHEMISCHEN FORSCHUNG
TOPICS IN CURRENT CHEMISTRY

Herausgeber:

A. Davison · M. J. S. Dewar

K. Hafner · E. Heilbronner

U. Hofmann · K. Niedenzu

Kl. Schäfer · G. Wittig

Schriftleitung: F. Boschke

16. BAND

1970/71

Springer-Verlag Berlin Heidelberg GmbH

ISBN 978-3-540-05315-6   ISBN 978-3-540-36442-9 (eBook)
DOI 10.1007/978-3-540-36442-9

Library of Congress Catalog Card Number 51-5497.

Inhalt des 16. Bandes

Mitarbeiter des 16. Bandes

Prof. R. A. *Abramovitch*, Department of Chemistry, College of Arts and Sciences, University of Alabama, P. O. Box H, University, AL 35486, USA

Dr. A. *Bokranz*, Schering AG, 4619 Bergkamen, Postfach 15

Dr. F. W. *Frey*, Research and Development Department, Ethyl Corporation, P. O. Box 341, Baton Rouge, LA 70821, USA

Dipl.-Chem. Dr. A. *Gumboldt*, Farbwerke Hoechst AG, 6230 Frankfurt/Main 80, Postfach 800320

Dr. R. C. *Haddon*, Department of Chemistry, Pennsylvania State University, 212 Whitmore Laboratory, University Park, PA 16802, USA

Dr. *Virginia R. Haddon*, Department of Chemistry, Pennsylvania State University, 212 Whitmore Laboratory, University Park, PA 16802, USA

Dr. H. *Heaney*, Organic Chemistry Laboratories, The University of Technology, Loughborough, Leicestershire, England

Dr. R. F. *Heck*, Hercules Research Center, Hercules Inc., Wilmington, DE 19899, USA

Prof. L. M. *Jackman*, Department of Chemistry, Pennsylvania State University, 212 Whitmore Laboratory, University Park, PA 16802, USA

Dr. H. *Plum*, Schering AG, 4619 Bergkamen, Postfach 15

Dr. H. *Shapiro*, Research and Development Department, Ethyl Corporation, P. O. Box 341, Baton Rouge, LA 70821, USA

Prof. R. G. *Sutherland*, Chemistry Department, University of Saskatchewan, Saskatoon, Sask., Canada

Dr. H. *Weber*, Chemische Werke Hüls AG, 4370 Marl, Postfach 1180

Prof. Dr. E. *Winterfeldt*, Organisch-Chemisches Institut der Universität, 3000 Hannover, Schneiderberg